打拿极 依次加压，电信号被逐次放大
加压
加压压
加压压压
测量输出电信号
遥远天体
（粒子源）
大气层
大气簇射
高能粒子
闪光
光电倍增管
处理器
电信号
闪烁体
事件记录
BGO
NUD
星敏感器
卫星
主体
部分
折叠后的
太阳翼
整流罩尺寸
（包络大小）
一个电子加压1V
1V
紫外线光子
X射线光子
可见光
光子
(keV)
(MeV)
(GeV)
(TeV)
γ射线光子
~100m
~500km
°C
PSD
WIMP
强相互作用
弱相互作用
电磁相互作用
万有引力
普通物质
"暗物质"
人眼
神经
电信号
大脑视觉中枢
视觉
轨道太高，辐射太强
轨道太低，大气阻力过大
500km 最后选定
轨道高度
97.4°
赤道
轨道倾角
高能粒子（很难模拟）
PMT（光电倍增管）
BGO
电信号输出
010100
动量轮
远离
配电
配电器
滤波
载荷
就近接地
NUD线缆
专用屏蔽
Wi-Fi

中国空间科学

卫星之书

# BOOK OF SATELLITES

# 寻找暗物质的“悟空号”

中国科学院国家空间科学中心

EasyNight

著

Dark Matter Particle Explorer

湖南科学技术出版社

· 长沙 ·

图书在版编目（CIP）数据

寻找暗物质的“悟空号”/中国科学院国家空间科学中心，EasyNight 著. -- 长沙：湖南科学技术出版社，2023.5 （中国空间科学卫星之书）

ISBN 978-7-5710-2044-6

Ⅰ. ①寻… Ⅱ. ①中… ②E… Ⅲ. ①暗物质—研究 Ⅳ. ① P145.9

中国国家版本馆 CIP 数据核字 (2023) 第 025098 号

XUNZHAO ANWUZHI DE “WUKONGHAO”

**寻找暗物质的“悟空号”**

著　　者：中国科学院国家空间科学中心　EasyNight
出 版 人：潘晓山
总 策 划：陈沂欢
策划编辑：乔　琦
责任编辑：李文瑶
特约编辑：付　杰　赵云婷
营销编辑：王思宇　沈晓雯
装帧设计：李　川
责任美编：殷　健
特约印制：焦文献
制　　版：北京美光设计制版有限公司
出版发行：湖南科学技术出版社
地　　址：长沙市开福区泊富国际金融中心 40 楼
网　　址：http://www.hnstp.com
湖南科学技术出版社天猫旗舰店网址：
http://hnkjcbs.tmall.com
邮购联系：本社直销科 0731-84375808
印　　刷：北京华联印刷有限公司
版　　次：2023 年 5 月第 1 版
印　　次：2023 年 5 月第 1 次印刷
开　　本：710mm×1000mm 1/16
印　　张：9.5
字　　数：127 千字
书　　号：ISBN 978-7-5710-2044-6
定　　价：68.00 元

# PREFACE
# 序言

空间科学研究面向广袤的太空，揭示神秘的宇宙，从宇宙起源、物质结构，到生命起源、地球宜居性，涉及重大基础科学问题，推动航天技术跨越发展，一直是全世界关注的热点。

中国科学院作为国家战略科技力量的主力军开拓创新，于 2011 年部署了空间科学先导专项，正式启动了对空间科学全方位、全生命周期的研究，研究领域涵盖空间天文、太阳物理、空间物理、行星科学、空间地球科学、微重力科学、空间生命科学等学科，研究范围除了卫星工程，还包括空间科学概念研究和预先研究，以及为工程做准备的背景型号任务。

2015 年至 2017 年，中国科学院成功发射了四颗卫星：暗物质粒子探测卫星、“实践十号”返回式科学实验卫星、量子科学实验卫星和硬 X 射线调制望远镜卫星。

这四颗卫星的成功发射引起了全世界的关注，标志着中国迈入空间科学研究的第一方阵，从过去只能用别人的数据开展研究到如今可以向全世界同行提供数据。为了扩大空间科学的影响力，中国科学院通过向公众征名，分别给三颗卫星取了生动形象的名字：暗物质粒子探测卫星叫“悟空号”，量子科学实验卫星叫“墨子号”，硬 X 射线调制望远镜卫星叫“慧眼号”。“实践十号”因为是我国实践卫星大家庭的一员，所以没有再单独征名。

面对大众热爱科学、关注科学的热情，中国科学院国家空间科学中心组织编写了系列科普图书“中国空间科学卫星之书”，《寻找暗物质的“悟空号”》正是这个系列的第一本。它用生动形象的图画、通俗易懂的语言把卫星的探测原理、制造过程和数据接收等全过程讲述出来，还生动地描述了发射卫星所需要的火箭、测控和发射的工作原理，让大众能够走近并了解这一科学工程。

**王赤**

**中国科学院院士，中国科学院国家空间科学中心主任**

# CONTENTS
# 目录

探测器
重量
BGO
STK
NUD
PSD
数量
幂律
偏离规律
可能存在异常
能量
理论预测值
低分辨率，无法判断是否异常
入射事件
区分
空间来源
探测器
PN结（半导体）
无电流
电源
高能粒子
产生瞬时电流
γ射线
电子，质子，……
闪光
直接穿过
高能粒子
近的一端，光信号强
适合分析较低能量粒子
BGO晶体
远的一端，光信号弱
适合分析较高能量粒子
高能质子p+
高能电子e-、γ射线
中子n
光纤
硅 Si
钨 W
硅 Si
γ→e⁺+e⁻
投影
高能粒子
DAMPE
事件
能量
数量
种类
方位→来源
能谱
实测
异常值←暗物质“踪迹”
旧理论
26.8% 暗物质
4.9% 普通物质
68.3% 暗能量
对撞
WIMP
(LHC)
反冲
星系
距离
速度
实际速度
理论错误
星系中心

# INTRODUCTION
# 我们为什么要去太空中研究科学

人类历史的每一次巨大飞跃，都离不开对宇宙苍穹的仰望。远古先民用笨拙的双手记录下日月星辰的变化，追求着对自然规律的朴素认知；近代以来，人类通过观测天体运动开创了牛顿力学体系，引发了工业革命的热潮；到了现代，科学家们通过对宏观宇宙和微观粒子的进一步探索，开启了信息时代，科技水平突飞猛进，人类的生活面貌从此日新月异……

中华民族的列位先贤也在浩瀚的星空下仰望苍穹。两千多年前，墨子从小孔成像开始探索光的传播，诗人屈原对着宇宙发出了振聋发聩的《天问》。先贤们绘制出一张张精密的星图，不但准确记录了历史上的各种天象，还设计和改良了各种天文观测仪器，为人类科技的进步做出了独特的贡献。

历史进入 20 世纪中叶。人类在 1957 年发射了第一颗人造地球卫星，**空间科学**自此诞生，并且以前所未有的速度迅猛迭代。借助空间科学，人类对宇宙的认识得到了飞速跃升。与此同时，空间科学的发展又为现代科技发展注入了不竭的动力。

中国的航天事业也紧跟历史潮流，迎来了蓬勃的发展。从 1970 年 4 月 24 日“东方红一号”人造卫星进入太空，到如今数百次的航天发射以及遍布太空的各式卫星，标志着我国迈入了航天大国的行列。太空中的卫星摆脱了地球大气的影响，不受人类活动的干扰，周边环境稳定，特别适合开展一些地面无法进行的科学研究。然而让人略感遗憾的是，过去发射的绝大多数卫星，都是为了满足国防和社会经济生活的应用需要，例如遥感观测、通信、气象、导航等，几乎没有真正意义上的空间科学卫星。

过去，我国从事基础科学研究的科研人员只能搭国内其他卫星的“顺风车”，借一些航天发射任务中的多余载荷空间来搭载实验设备。既然是顺风车，那么系统的整体设计、卫星的轨道和姿态就只能听从主任务的安排，能开展的空间科学实验的种类极其有限，探测方向很难随心控制，数据传输也只能“见缝插针”。与此相比，国外的科学探测卫星虽然种类繁多，多数科学数据也对全球公开，但外人很难拥有科学目标设计的“主动权”，也难以得到最新最及时的资料，长期处于被动状态。这样的局面，让我们的空间科学家难以大展拳脚，科研成果更与国外第一流的水平有较大差距。

多年来，拥有独立的团队，打造专业的卫星平台，研制并发射中国人自己的空间科学实验卫星，拿到属于我们的第一手观测数据，成为中国科学家迫切的心愿。

2011 年，中国科学院正式启动了“空间科学先导专项”，开始搭建我们自己的空间科学大舞台，而暗物质粒子探测卫星、量子科学实验

卫星、“实践十号”返回式科学实验卫星和硬X射线调制望远镜卫星，便是第一批登上该舞台的耀眼明星。

2015年12月17日发射升空的**暗物质粒子探测卫星——“悟空号”**，成为空间科学先导专项的首发星。暗物质究竟是什么？来自宇宙深处的高能粒子会带来哪些奇妙的信息？这些都是科学家最关注的物理学前沿问题。“悟空号”作为一台精密的高能宇宙射线探测器，可以在太空中以高分辨率观测高能电子、质子、氦核、γ射线光子等粒子的能谱。通过这些能谱，科学家们不仅可以揭示宇宙射线的奥秘，还有望从中找到暗物质的蛛丝马迹。

2016年4月6日，**“实践十号”返回式科学实验卫星**发射成功。这是一颗专门用于微重力科学和空间生命科学实验研究的“空间实验室”。太空中没有重力的影响，在研究物质燃烧、流体运动、材料生长、生物发育等方面可以获得地面上无法实现的条件，甚至还可能有意外收获。搭载19种微重力实验设备的“实践十号”，进行了为期15天的在轨实验后返回地面，取得了丰硕的研究成果。

2016年8月16日，**量子科学实验卫星——“墨子号”**成功发射，成为全球首颗量子科学实验卫星。它的目标是建立卫星与地面相结合的天地一体化实验系统，探究星地之间的量子密钥分发、广域量子密钥网络，以及空间尺度下的量子纠缠分发和量子隐形传态。“墨子号”的顺利发射，使我国在量子通信方面保持了国际领先地位，还会帮助解答困扰人类已久的一些量子力学前沿难题。

2017年6月15日，**硬X射线调制望远镜卫星——“慧眼”**发射升空，成为我国第一台空间天文望远镜。宇宙中有很多辐射X射线的活跃天体，堪称宇宙的“能量喷泉”，其中蕴藏着推动宇宙运动和演化的无穷奥秘。“慧眼”进入太空后，可以实现大天区范围、宽波段的X射线巡天。“慧眼”对高能活跃天体的观测，有望帮助科学家发现这些能量背后的丰富信息。

从我国第一批立项的这四颗科学观测卫星就能看出，空间科学先导专项直接瞄准了那些最前沿的科学技术领域，去尝试解答那些最困扰科学界的难题。走向太空的科学研究为我们开拓了一片新的天地，也为我们对未知世界的好奇心打开了一扇窗。

当然，空间科学研究不仅仅满足了我们的好奇心，更有以下几个方面的收获。

首先，空间科学带动了我国卫星工程技术的发展。要实现科学实验和工程建设的完美结合，就要解决卫星平台和载荷一体化、空间高精度光学追踪、深空测控通信与数据传输、微弱光探测等一系列难题。此外，材料科学、微电子和元器件技术与工艺等一系列相关领域，也将有机会得到发展和提升，更上一层楼。

其次，这些研究项目还有着广泛的应用前景，甚至与我们每一个人的生活息息相关。虽然空间科学先导专项的首要目标是解决科学问题，但绝非毫无实际用途的“屠龙之技”。你或许没有意识到，我们早已离不开的无线网络、卫星定位以及家里的微波炉，乃至方便面里的脱水蔬菜，都是空间科学的产物。那么，今天这些项目的研究成果也许在未来的某一天就会被应用到通信、材料、能源、生命科学、医学等领域，从而极大地改变我们的日常生活。

最后，空间科学先导专项的实施，对于国家综合实力的发展也有重大的战略意义。“大科学工程”的实施，需要有综合性的布局和战略规划，需要各行各业、不同领域的人才储备，更需要一个健全的组织来统筹协调。空间科学先导专项采取了首席科学家负责制，在工程的组织管理以及配套设施的运行方面都积累了宝贵的经验。有了这些经验，我们今后进行空间科学实验时就会更加得心应手。说不定未来你也有机会在空间实验室里大展身手！

那么，这些空间科学卫星是怎么研究和建造的，在工程的组织和实施中我们的科研人员解决了哪些难题，最后又取得了怎样的成果呢？这套“卫星之书”即将为你揭晓答案。

我们的故事将从暗物质粒子探测卫星“悟空号”开始说起。

探测器
重量
BGO
STK
NUD
PSD
数量
幂律
能量
偏离规律
可能存在异常
理论预测值
入射事件
区分
空间来源
探测器
射线
电子，质子，…
闪
闪光
直接穿过
PN结
无电流
电源
高能粒子
产生瞬时电流
BGO晶体
近的一端，光信号强
适合分析较低能量粒子
远的一端，光信号弱
适合分析较高能量粒子
硅 Si
钨 W
硅 Si
γ→e⁺+e⁻
投影
高能粒子
DAMPE
事件
能量
数量
种类
方位→来源
能谱
实测
异常值
旧理论
26.8% 暗物质
4.9% 普通物质
68.3% 暗能量
WIMP
(LHC)
对撞
星系
距离
速度
实际速度
星系中心

CHAPTER 1

# “暗”过留痕：什么是暗物质，我们如何去发现它

## 宇宙的 25.9%

浩瀚无垠的宇宙，蕴藏着物质演化的一切奥秘。而其中最不可思议的是，在宇宙诞生 138 亿年后，竟然演化出了一群智慧生命，并试图去理解宇宙中物质演化的规律。

“物质是由原子构成的。”两千多年前出现的朴素原子论揭开了人类探索物质微观尽头的序幕。近代以来，人们逐渐认识到，原子也不是物质最小的基本单元，还包括原子核内带正电的**质子**、不带电的**中子**，以及原子核外带负电的**电子**。人们还知道，光同时具有波动性和粒子性；从无线电波到五颜六色的可见光，再到高能的 X 射线、γ 射线，广阔的电磁波谱都是不同频率的**光子**。

从 20 世纪中叶开始，人们发现了各种各样的基本粒子。20 世纪 60 年代，人们对物质结构的探索深入到了夸克和轻子的层次，并建立了粒子物理的**标准模型**理论，该理论能够出色地描述夸克和轻子相关的基本相互作用，以及它们演变所产生的各种实验现象。标准模型不仅经受住了半个多世纪的严格实验检验，甚至还能预言未知粒子的发现。2012 年，欧洲核子研究中心（CERN）的大型强子对撞机（LHC）通过高能质子对撞实验发现了希格斯粒子，证明了半个世纪前希格斯（Peter Higgs）通过标准模型提出的预言，补上了标准模型缺失的最后一块拼图。

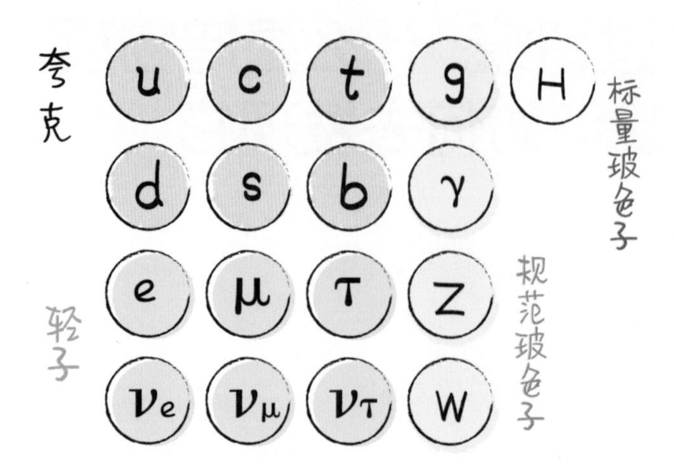


*粒子物理标准模型

至此，物理学微观世界的大厦似乎已经臻于完美。

等一下，先别忙着下结论！这句话有点耳熟啊，好像一百多年前就有人这么说过。那时候，经典物理学也发展到近乎完美的状态，并且引领人类的科学技术发生了翻天覆地的变化——经典力学和万有引力能够“决定”一切物体的运动，热力学体系的构建带来了蓬勃的工业革命，而电磁学理论的完善带来了电力的广泛应用和无线电通信的曙光。

1900 年，著名的英国物理学家汤姆森（William Thomson，即开尔文勋爵）就宣称：“物理学的大厦已经落成，剩下的只是修饰工作。”然而他也看到，远方的地平线上浮现出两朵乌云，代表经典物理学在微观粒子尺度与宇宙尺度上碰到了无法解释的疑难。人类为了解决这两大疑难，在 20 世纪前半叶发展出了量子力学和相对论。二者在诞生时都显得“违背常识”，但有力地推动了理论物理学的发展，更引领人类驶入了信息时代的高速路。百年后，这些“违背常识”的理论也逐渐进入了我们的中小学教材，成为“常识”的一部分。果然，完美的背后总是隐藏着危机，而危机又成为物理学全新变革的契机。

所以到了 20 世纪后半叶，当物理学的大厦再一次宣告“建成”时，科学家再次把目光聚焦到远方地平线上浮现的另外两朵乌云——**暗物质和暗能量**。其中，暗物质便是本书的主角——暗物质粒子探测卫星“悟空号”所要搜寻的目标。

暗物质和暗能量这两朵乌云，都是来自宇宙学的观测。

最初，天文学家在观测中发现了一些异常，比如对星系旋转速度、引力透镜、微波背景辐射等现象的观测结果与现有理论框架下的预测结果不一致。那么，这就带来了两种可能：要么是现有理论错了，要么是存在某种尚未被发现的物质——“暗物质”在影响观测结果。一些天文学家开始尝试对理论进行修正。后来，越来越多的观测结果表明，那些

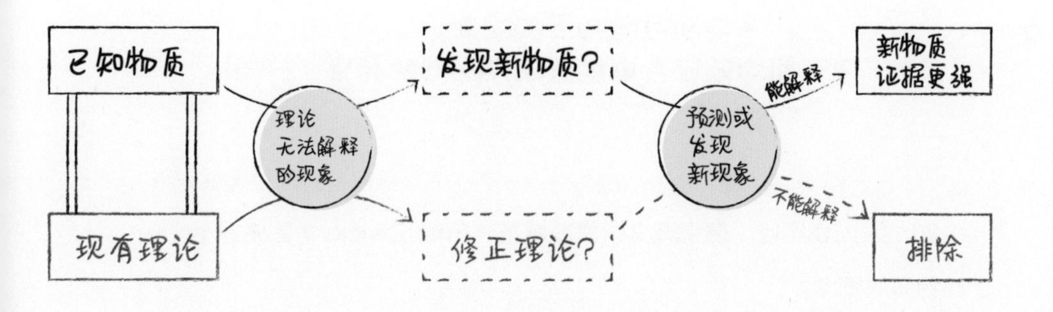


＊探索暗物质的过程充满了理论与现象的相爱相杀

尝试性的修正理论并不具有普适性，没法同时解释从星系到宇宙各个尺度上都出现的疑问，而暗物质越来越有希望担当填补理论缺陷的重任。

这里提到的“暗物质”，不仅不发出可见光，而且完全不参与任何电磁相互作用，因而无法被电磁波手段探测到。但暗物质可以参与引力相互作用，所以早期绝大多数对暗物质的观测，都是从引力效应与电磁波观测之间的异常入手的。

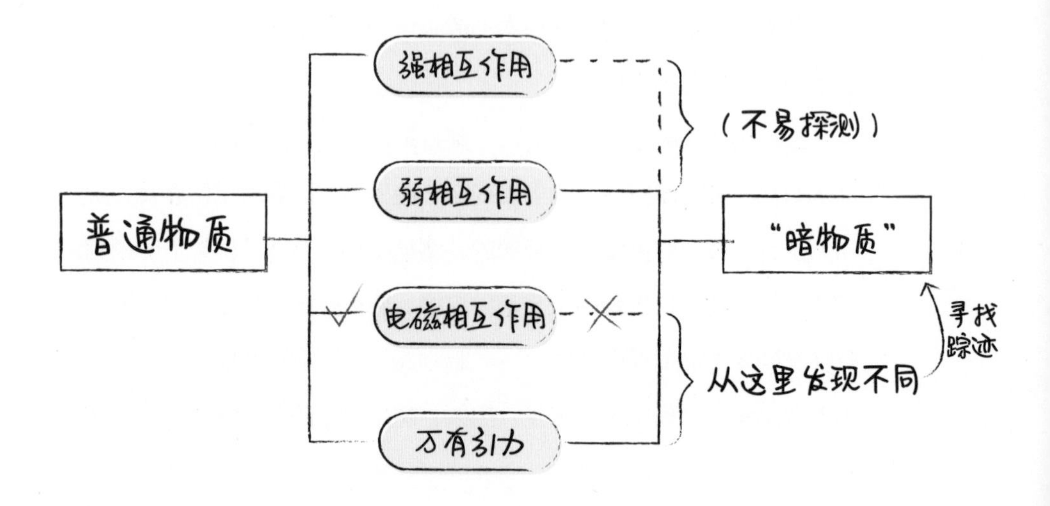


＊早期对暗物质的观测，
来自引力效应与电磁波观测之间的异常

20 世纪 30 年代，瑞士天文学家兹威基（Fritz Zwicky）首先提出了暗物质的概念。

他在研究哈勃（Edwin Hubble）对后发座星系团的观测结果时，发现了一个异常现象：根据星系团的光度和质量关系推算出来的星系团质量，与根据星系的运动速度和引力效应推算出来的质量不相符，甚至相差甚远。于是兹威基假设，星系团里存在一种丢失的质量，叫作“Dunkle Materie”（也就是德语“暗物质”的意思）。这种物质不发光，但是可以通过引力效应观察到其存在。

兹威基当时预测星系中看得见的部分只占真实总质量的1/400。后来证实由于当时的观测结果不够精确，导致预测的分母偏大了几十倍。他提出的暗物质概念也没有得到重视，被雪藏了30多年。直到20世纪70年代末，美国天文学者鲁宾（Vera Rubin）

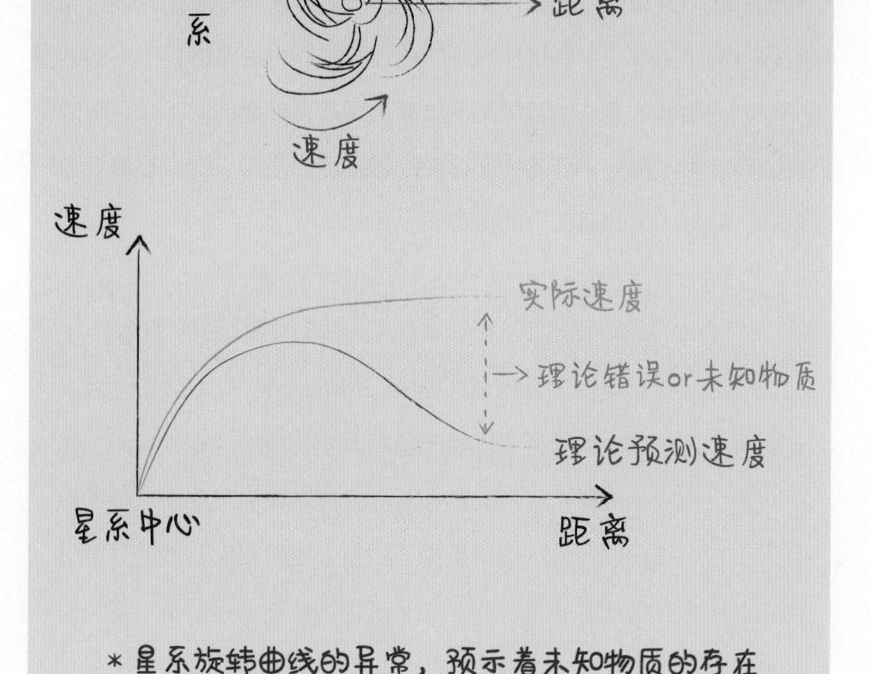


* 星系旋转曲线的异常，预示着未知物质的存在

和福特（Kent Ford）在观测仙女座大星系的旋臂时，发现了类似的问题。星系中的恒星或者气体都是靠引力约束的，那么根据引力效应推算，那些距离星系中心比较远的恒星，应该表现出距离越远、轨道速度越小的特征。然而观测结论显示，恒星的轨道速度并没有随距离增大而减小，而是呈现出平坦的变化曲线。他们后来又精确测量了上百个星系的旋转特征，都得出类似的结论。

于是他们猜测，星系内部弥漫着大量的暗物质，形成了暗物质晕，其质量至少是普通物质质量的 6 倍，并通过引力作用“拉”住了星系外侧的物质，从而让恒星的旋转速度不会降低。星系旋转曲线的异常现象，让暗物质的概念被广泛接受。

前面也提到过，理论预测与观测结果不符，那么其中至少有一个出了问题。会不会是引力理论有误呢？不少人尝试通过修正引力理论而不是假设暗物质的存在来解释星系旋转曲线异常，也确实得到了不错的效果——然而当新的无法解释的观测结果出现在人们面前时，修正版的引力理论面临重大挑战，而暗物质存在的证据更加坚实。其中最直观的一个例子，就是“子弹星系”的发现。

子弹星系是美国天文学家于 2006 年用钱德拉 X 射线望远镜观测到的（图中红色的部分）。两个星系发生碰撞并互相贯穿时，由于物质之间的相互作用，可见物质就会形成激波而呈现出子弹的形状。但根据哈勃望远镜的观测结果，由引力透镜效应反推得到的子弹星系中全部物质的质量分布，除了红色区域外，还包括了蓝色的区域。可以看到，蓝色区域的物质在星系贯穿的过程中跑得更远，且没有受到“拉扯”的痕迹——如果蓝色区域是暗物质，就解释得通了，因为暗物质相对于普通物质而言，没有电磁相互作用的制约，所以能跑到更远的地方，与普通物质分离开来。子弹星系的这种质量分布为暗物质的存在提供了一个仿佛“肉眼可见”的证据。

* 简单做个减法，你就得到了暗物质

（图片来源：NASA/CXC/M. Weiss）

如果暗物质是真实存在的，那么宇宙中究竟有多少暗物质呢？

这个问题的答案无法仅仅通过对星系和星系团的观测得出。目前比较公认的一个模型，叫作“Λ－冷暗物质”模型（简称ΛCDM），是通过对宇宙膨胀历史的观测得到的：宇宙的总质量和能量里，只有大约4.9%的物质是能用标准模型描述的**普通物质**，25.9%是**暗物质**，其余的69.2%被称为**暗能量**，也就是前文提到的另一朵“乌云”。不过那就是另外一个故事了。

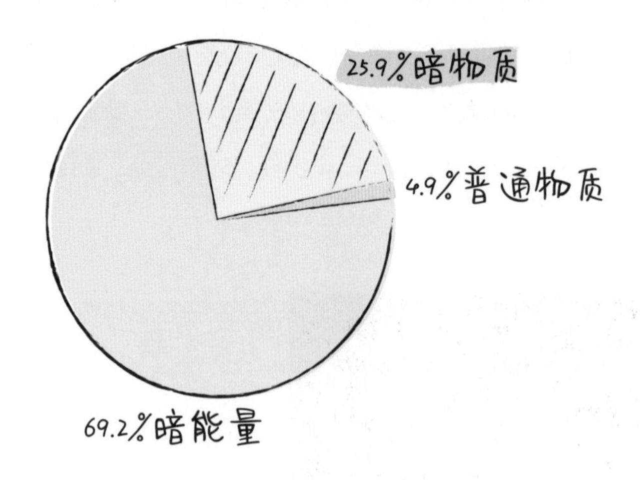


*暗物质占了宇宙的1/4还多

人们了解宇宙膨胀初期历史的主要依据是微波背景辐射，也就是宇宙大爆炸后 38 万年时残留下来的光子，在漫长的宇宙膨胀中波长逐渐被“拉长”而形成的微波辐射。微波背景辐射在宇宙的各个不同方向上并不是均匀分布的，而是有细微的差异，并且在不同视角大小的天区里，偏离的程度也不一样。像下图这样，绘制出不同视角大小（横轴）所对应的天区内辐射的强弱差异（纵轴），就会出现多个峰值。例如，第一个峰值位置在 1° 左右，表明在视角 1° 左右的天区内，不同位置的辐射强弱差异最大。

视角大小其实反映的是空间尺度。那为什么微波背景辐射会在不同空间尺度上表现出强弱差异呢？因为在宇宙诞生之初，各种物质都有着自身固有的频率，就像一堆松紧各异的弹簧；当这些物质随着宇宙的演化成为残留的微波背景辐射，会在不同空间尺度上表现出差异，就像不同的弹簧被拉伸后也长短不一。具体来说，普通物质、暗物质和暗能量都能导致微波背景辐射的差异。那么反过来，

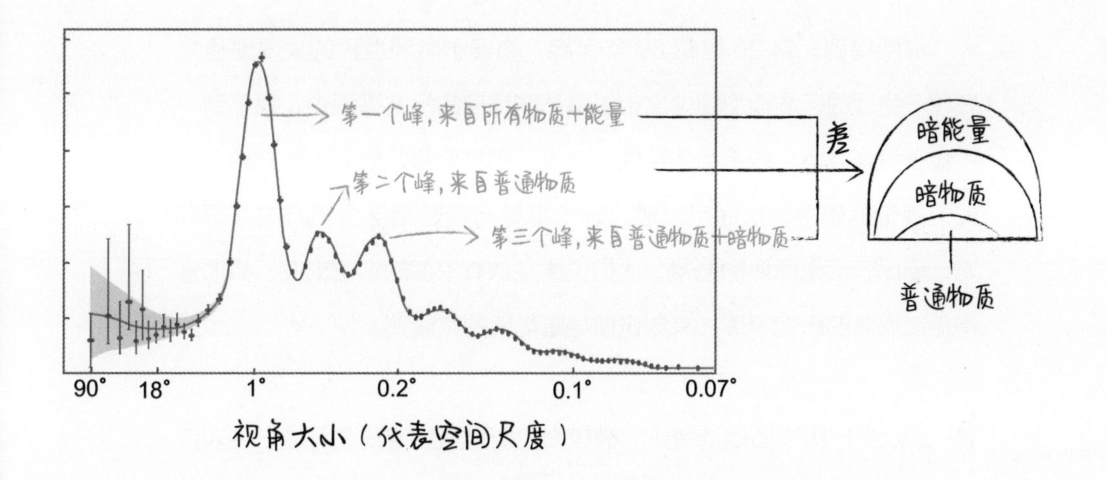


*通过微波背景辐射的角功率谱，
可以估算普通物质、暗物质和暗能量的占比

我们通过测量这种差异的分布，就可以推算出普通物质、暗物质和暗能量在宇宙中的占比。

2013 年，欧洲航天局的普朗克卫星经过 4 年时间的观测后，得到了迄今为止最精确的宇宙微波背景辐射“地图”。与此同时，科学家们也据此推算出前述的宇宙物质含量分布。

## 搜寻暗物质的路线图

到目前为止，我们对于暗物质的认识都是来自天文观测。虽然天文观测得出的暗物质证据已经足够令人信服，但科学家并不满足——这些观测结果除了告诉我们暗物质能参与引力相互作用之外，无法再提供其他信息了。我们更关心的问题是：暗物质除了产生引力外，是否还具有别的什么属性？暗物质能与普通物质发生其他的相互作用吗？

前面提到，自 20 世纪 60 年代起，物理学微观世界的大厦便建立在粒子物理的标准模型理论之上。虽然在目前的标准模型中，找不到一种粒子符合观测到的暗物质特性，但人们仍然希望暗物质也能被纳入类似的理论框架中，从而可以通过理论推导与实验相结合的方法去研究它。相比于虚无缥缈的愿景，人们更愿意从有根据的推论出发，借助看得见摸得着的研究手段，来制定搜寻暗物质的路线图。

在众多的暗物质候选者中，被较为广泛接受和容易验证的一种叫作“**弱相互作用大质量粒子**”，简称 WIMP。这种方案的提出，是基于以下一些假设：

① 暗物质也是由单个粒子组成的；

② 与构成普通物质的粒子类似，暗物质粒子也具有一定的质量和量子数；

③ 暗物质粒子之所以“暗”，只是不发生电磁相互作用而已，它与普通物质之间仍然可以发生其他的相互作用。

因此，人们希望从标准模型的“扩展”中找出暗物质粒子的候选者：它可以从普通物质的高能撞击中产生，可以与普通粒子发生碰撞并产生“反冲”的效果；暗物质粒子相互碰撞时也能发生湮灭，生成普通粒子。

在这样的理论框架下，暗物质粒子就并非完全“不可捉摸”。人们对暗物质粒子的探索也不再限于遥远的引力效应，而是要通过粒子物理的实验手段将它们的性质实实在在地揭示出来。上述假设引导人们设计了探测暗物质的三种不同路线：

**对撞机产生**

如果暗物质粒子是在早期宇宙的高能环境中产生的，那么它应该

WIMP

＊用大型强子对撞机产生 WIMP

也能在人造的高能加速器中产生。所以人们用上了地球上最强大的加速器——大型强子对撞机，来尝试探寻暗物质的踪迹。

在大型强子对撞机中，当质子束流发生碰撞时，所产生的普通物质粒子可以被仪器观测到，而暗物质因为与仪器不发生电磁相互作用，无法被直接观测到，但是会携带着能量和动量逃逸出去。找到这些丢失的能量和动量，也就意味着间接探测到了 WIMP 暗物质的存在的存在。然而，目前大型强子对撞机尚未得到可信的结论，可能是因为对撞的能量还不够高，也可能是其他未知的原因。

**直接探测**

宇宙中的暗物质无时无刻不在与地球上的普通物质发生碰撞。如果我们能探测到这些碰撞产生的微弱信号，也就相当于“看”到了暗物质粒子的存在。

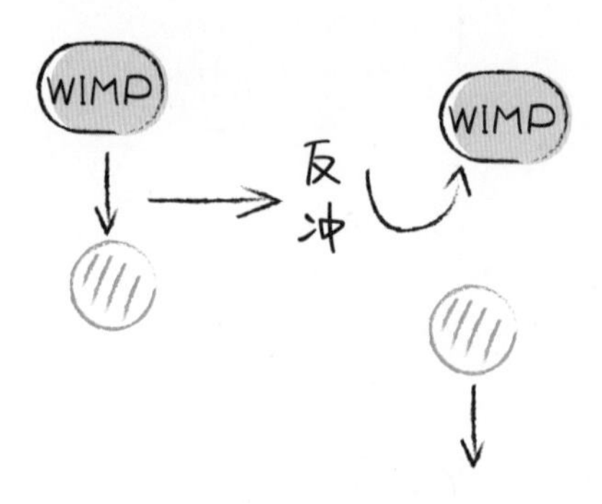


* 直接探测 WIMP

这种探测的最大难点在于，宇宙射线中的普通物质（如μ子等粒子）在入射探测器后也能产生类似的碰撞信号，无法与暗物质事件区分开来，因此我们必须把探测器深埋在地下，以屏蔽宇宙射线中普通粒子的干扰。目前世界上最深的实验室是位于中国四川的锦屏地下实验室（CJPL），埋深高达 2400m，具有优越的宇宙射线普通粒子屏蔽能力。

### 间接探测

WIMP 暗物质虽然无法被直接观测到，但它一旦发生湮灭或者衰变，就有可能生成普通物质粒子，从而被间接探测到。比如，人们预测 WIMP 很有可能会发生碰撞湮灭：两个 WIMP 湮灭，能生成标准模型中的一对正反粒子（如电子 – 正电子对）或者 $\gamma$ 射线。此外，WIMP 也可能会不稳定，衰变产生普通物质粒子。

如果我们用粒子探测器观测宇宙中的某些区域，发现高能粒子或某

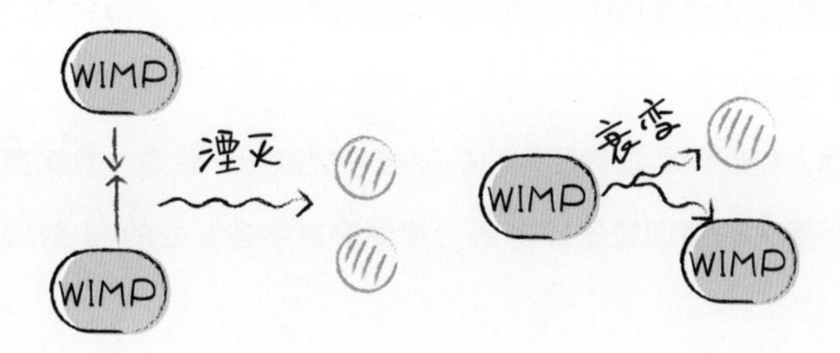


＊间接探测 WIMP

些区域的 γ 射线产生了额外的超出，就能作为暗物质存在的一个有力证据。

对暗物质粒子的间接探测，人们已经先后进行了多种尝试。比如 2006 年由美国、俄罗斯等多国共同研制与发射升空的 PAMELA 探测器，2008 年发射的费米 γ 射线空间望远镜（FGST），以及由美籍华裔物理学家丁肇中主持、2011 年安装在国际空间站上的阿尔法磁谱仪（AMS-02）等等。它们通过观测宇宙射线中的反物质和轻核素，以及 **γ 射线**的能量分布，得到了一些可能因暗物质粒子湮灭而产生的特殊信号，但有待进一步确认。

宇宙中，γ 射线或者反质子、正电子等高能粒子的能量统计规律是大致已知的。不同能量的宇宙射线的数目分布，叫作宇宙射线的**能谱**。过去科学家认为，宇宙射线的能谱遵循一个大致规律：随着能量升高，宇宙射线粒子数目以幂函数的关系急剧减少，这种关系叫作“**幂律**”模型。然而在幂律以外，还会有一些或强或弱的偏离——如果实测到某个能量上的粒子数比模型预测的更多，就叫作“硬化”现象；反之，比模型预测的少，就叫作“软化”。这种“硬化”或“软化”现象，意味着在过去的模型之外可能还有未知的影响因素，当然也包括暗物质。精确测量宇宙射线的能谱是研究宇宙射线物理的核心任务，也是间接探测暗物质的主要途径。

至此，我们探测暗物质的目标已经呼之欲出：**建造一台精度更高、测量范围更大的空间粒子探测器，观测来自宇宙深处的 γ 射线、高能**

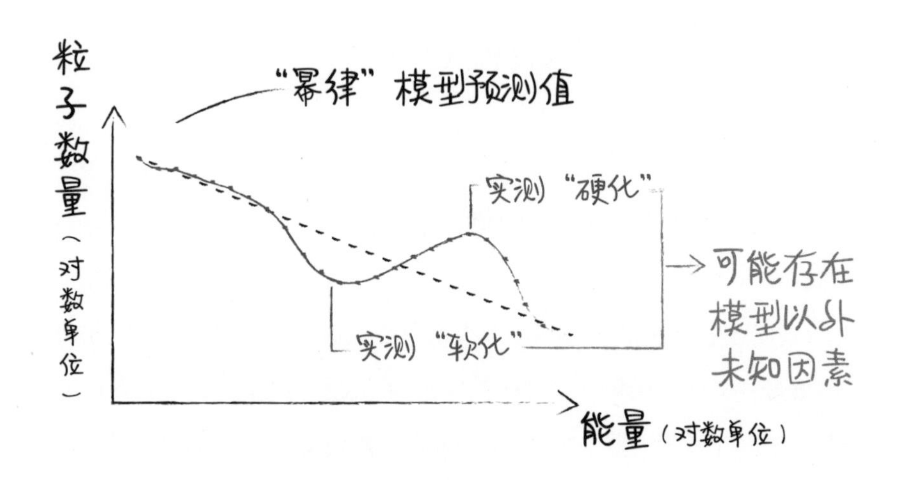


*“幂律”模型的硬化和软化偏离，可能意味着暗物质的存在

观测宇宙射线本身也是一个重要的物理学和天文学研究领域。宇宙射线可能起源于超新星爆发或者黑洞吸积喷流等极端天体事件，因此它们也是极端条件下天体环境和物理规律的信使。时至今

日，关于宇宙射线的起源、加速机制，以及它们在宇宙空间中的传播和相互作用等基本问题，仍然没有得到彻底的解答。宇宙射线源相当于一个天然的超级粒子加速器。探究宇宙射线中的高能粒子，很可能带领我们进入现有物理模型之外的新世界。

**电子和宇宙射线核素，探寻宇宙射线的未知现象，进而从中捕捉暗物质的踪影。**

## “悟空号”横空出世

2015 年 12 月 17 日，中国的第一颗天文科学卫星——暗物质粒子探测卫星，在酒泉卫星发射中心发射升空了！

***

作为我国空间科学系列卫星的首发星，暗物质粒子探测卫星其实就是一台给宇宙射线和高能粒子拍照的“照相机”——它最主要的科学目标，就是**高精度、宽能段地观测宇宙中的 γ 射线和高能电子，以及宇宙射线核素的能谱和空间分布**。这台“照相机”所记录的宇宙射线信息，可能对宇宙射线传播和加速机制、宇宙射线起源、γ 射线天文学等领域的研究起到重要的作用，进而从中发现暗物质的踪迹，为下一步的研究指明方向。

中国科学家给这颗暗物质粒子探测卫星起了个“悟空”的昵称。一方面，人们希望这颗卫星就像孙悟空那样，用一双火眼金睛探测宇宙中隐藏的秘密，让暗物质无所遁形；另一方面，这颗卫星的使命就是去参悟宇宙“虚空”中暗物质的奥妙，倒也正合“悟空”之意。因此“悟空”寄托了科学家对暗物质粒子探测卫星的殷切期盼，也是空间科学工作者在严谨的工作中表现出的一丝浪漫。而暗物质粒子探测卫星的英文缩写——DAMPE（DArk Matter Particle Explorer）也很有意思。在动作冒险游戏《塞尔达传说》里，有一个叫丹培（Dampé）的角色，可以带领你去找到宝藏，与暗物质粒子探测卫星探测暗物质的使命不谋而合。

既然使用了“悟空”这个名字，暗物质粒子探测卫星当然也要有“火眼金睛”的本领。下面我们就来看看它的眼睛——粒子探测器。这东西可比老君炉里炼出来的“火眼金睛”厉害多了。

科学家通常从哪些方面来衡量粒子探测器的性能呢？一般来说，主要包括能量探测范围、测量精度（包括能量分辨率、空间分辨率）、粒子鉴别能力以及几何因子这几个指标。

### 能量探测范围

即探测器测量的高能粒子的“量程”。量程越大，就意味着越有希望发现未知的能量范围内粒子的行为。

粒子物理学中习惯用电子伏特（eV）表示粒子的能量大小——1 个电子在真空中通过 1 伏特的电势差所得到的动能就叫作 1 电子伏特，1 eV = 1.602 × $10^{-19}$ J。一个可见光光子的能量大概是 2 ~ 3 eV，$\gamma$ 射线光子的能量可以达到 1 MeV（$10^6$ eV），而人造的加速器里的粒子能量能达到 GeV（$10^9$ eV）甚至 TeV（$10^{12}$ eV）量级。

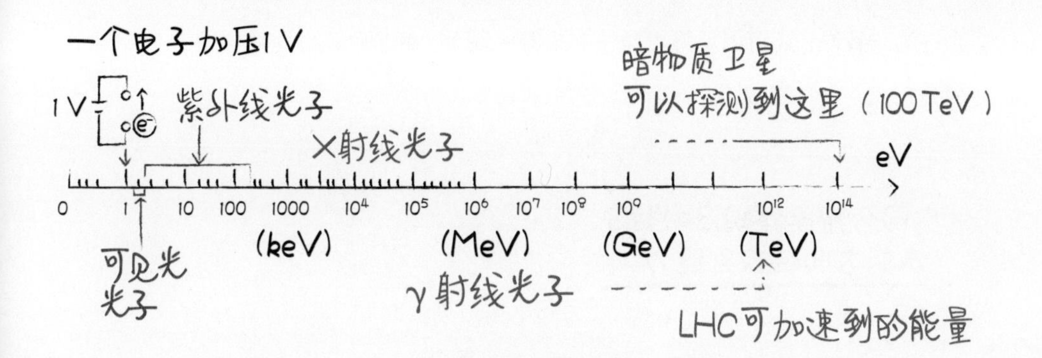


*能量差异巨大的各种粒子

- **能量分辨率**

即在指定的能量范围内，分辨不同能量粒子的能力。

暗物质粒子探测器的一个重要任务是统计不同能量粒子的数量分布（也就是绘制能谱），从而通过某些能量的粒子数异常来间接探测暗物质。这些异常情况会在能谱上表现为“超出”正常值的尖峰。如果能量分辨率太低，就有可能把未知的峰值给“抹平”。相反，提高能量分辨率，使探测数据更加接近真实信号，则有助于我们更准确地描绘出那些异常现象。

- **空间分辨率**

即分辨高能粒子入射方向的能力。

暗物质粒子探测器不仅要知道有多少高能粒子入射，还要知道它们是从哪里来的。空间分辨率越高，就越有助于准确辨别粒子入射事件的一致性，还可以反推出粒子的来源，进而了解暗物质在空间中的分布。

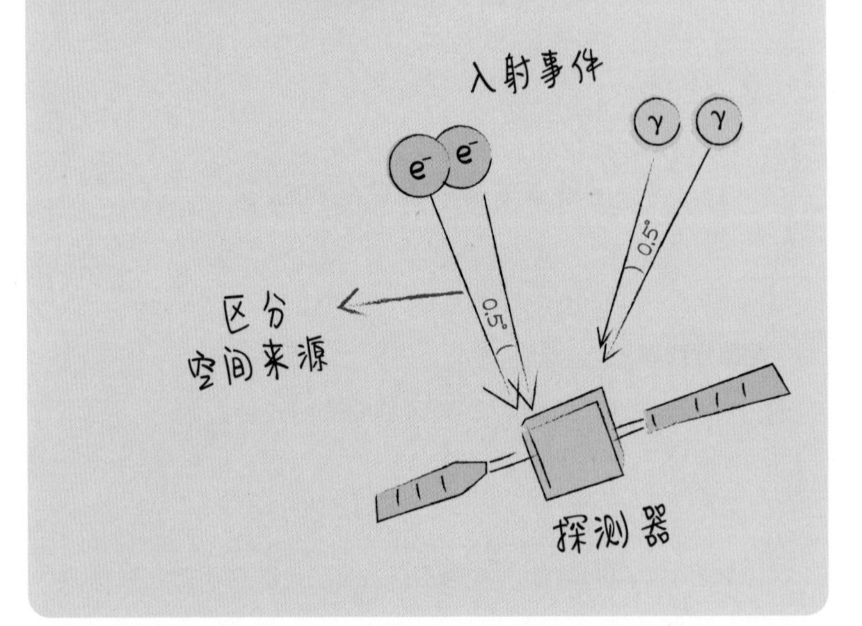


## 粒子鉴别能力

即对于一系列入射事件，分辨这些事件属于哪些不同种类粒子的能力。

准确分辨入射粒子的种类，是绘制某种粒子能谱的先决条件。然而，对于常见的粒子探测模块而言，很多不同种类的粒子入射时产生的信号都会有类似之处，难以区分。例如，探测高能电子时，质子的本底信号会产生干扰；探测 $\gamma$ 射线时，正负电子的信号又会成为干扰。所以需要设计合理的探测方式，抑制本底信号，提高粒子种类的分辨能力。

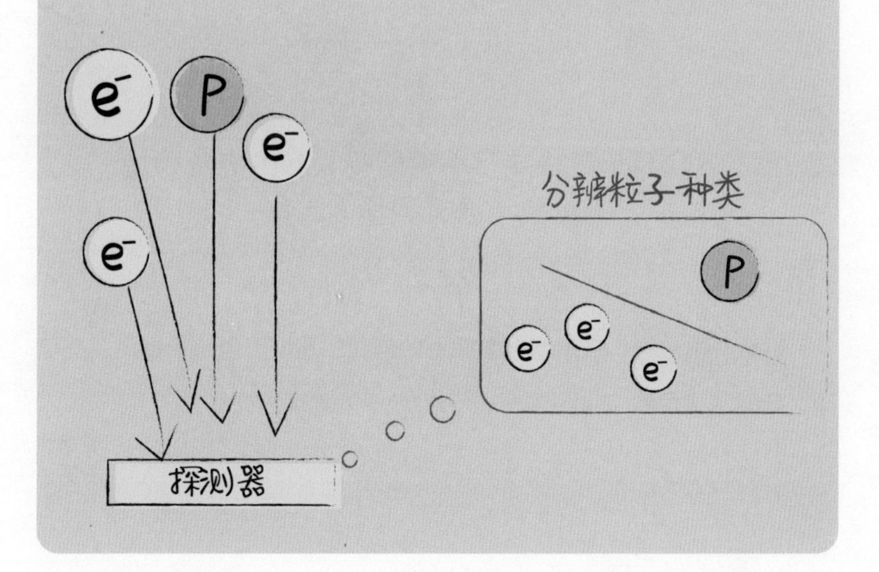


- **几何因子**

即从探测器接收到的流量换算为空间中实际粒子通量的关系。

“悟空号”这台“照相机”拍摄的对象是全天的球面，而相机“底片”则是一个平面。因此，要把平面的底片感受到的粒子入射事件复原到球面的天空中对应的视场区域，就需要经过“几何因子”的换算。

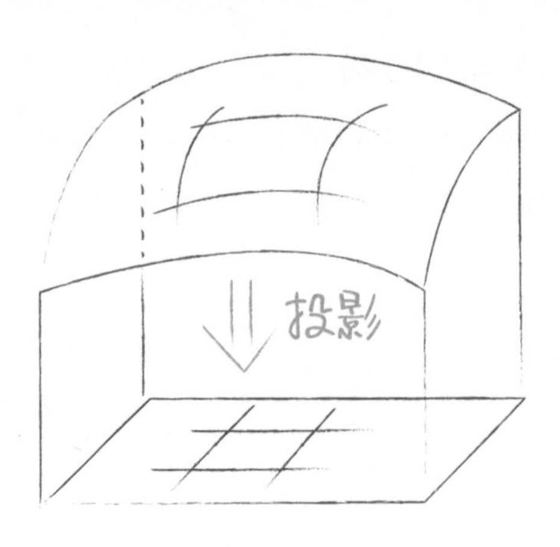


＊几何因子决定了探测器接收到的流量和
实际粒子通量的换算关系

那么“悟空号”在这些方面表现如何呢？我们可以从它探测高能电子、高能 γ 射线、高能重离子这三种粒子的表现来评估：

| | 高能电子 | 高能 γ 射线 | 高能重离子 |
|---|---|---|---|
| 能量范围 | 5 GeV ~ 10 TeV | 5 GeV ~ 10 TeV | 100 GeV ~ 100 TeV |
| 能量分辨率 | 1.5%（在 800 GeV） | 1.5%（在 800 GeV） | 40%（在 800 GeV） |
| 空间分辨率 | 0.5° （在 800 GeV） | 0.5°（在 800 GeV） | 1.0°（在 1 TeV） |
| 粒子分辨能力 | 质子本底抑制 $>10^5$ | e/γ 分辨能力 >20 | —— |
| 几何因子 | $> 0.3\ m^2 \cdot sr$ | $> 0.2\ m^2 \cdot sr$ | $> 0.2\ m^2 \cdot sr$ |

这些数据究竟意味着什么呢？我们可以将“悟空号”与国际上的同类探测器进行比较：

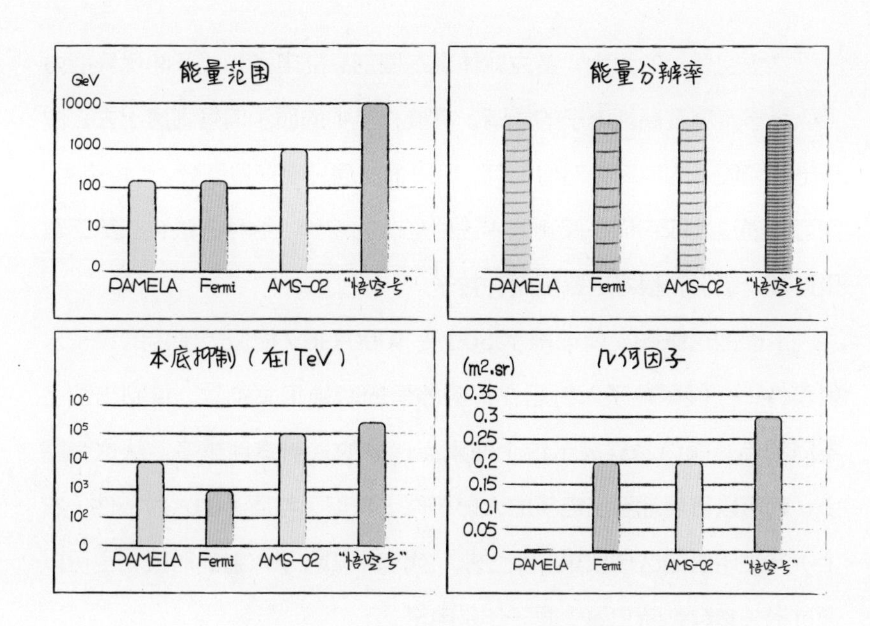


＊“悟空号”和同类探测器的指标 PK

我们的设计目标已经比同类探测器更强了，而在测试过程中它表现出的各项指标比预期的还要好：

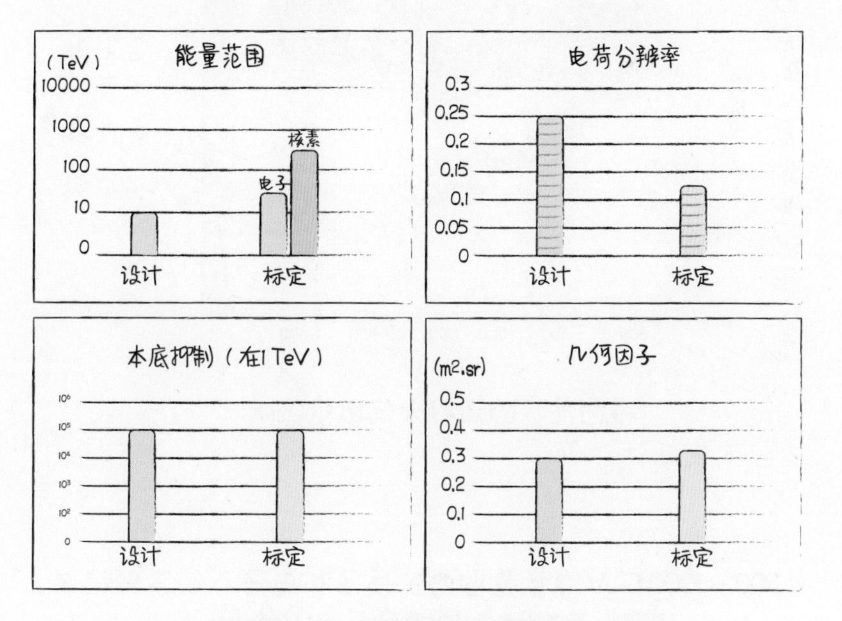


＊“悟空号”的实际指标超出了预期

“悟空号”的强大，首先就体现在鉴别高能电子和质子的优异能力上。科学家测量高能电子的能谱，需要将其中的质子信号剥离出去。由于电子和质子的电荷绝对值相等，所以很难通过电荷量区分。“悟空号”则可以通过读取它们在探测器中簇射形态的差异（这种方法会在第三章里详细介绍），很好地鉴别两种粒子。

下面的这张图，就记录了 500 ~ 1000 GeV 能量范围内的粒子入射事件——根据粒子入射后在探测器里的两种相关参数，绘制出图上不同的点，颜色越红表示这个像素点代表的入射事件越多。从这张图上，就可以直观地看出电子的入射事件（左下）与质子的入射事件（右上）产生明显的区域聚集。反过来，当有未知粒子入射的时候，也可以通过相关参数判断它属于质子还是电子。

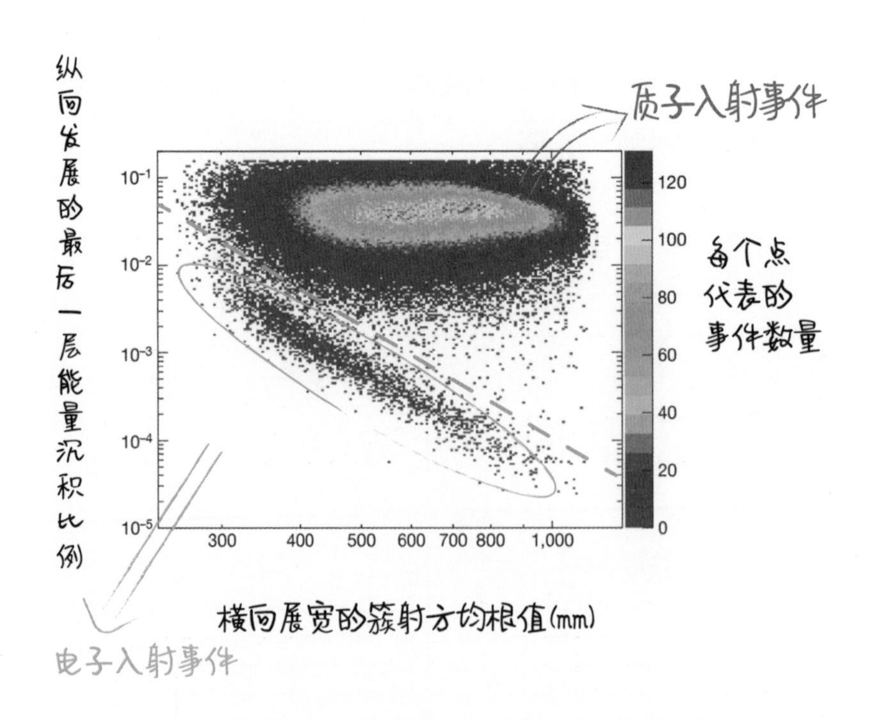


* 500～1000 GeV能量范围内的质子和电子入射事件记录，两种粒子被明显区分开来

由此可见，**我们的“悟空号”是目前世界上观测能段范围最宽、能量分辨率最优的空间暗物质探测器，且多个方面的指标都处于国际领先水平。**

## 丰硕的科研成果

“悟空号”于 2015 年 12 月发射升空后，在不到两年的时间里就获得了第一项重大成果——迄今为止世界上最精确的 TeV 能段高能电子宇宙射线能谱。后来通过两次延长卫星平台和探测器的使用寿命，“悟空号”分别在 2019 年和 2021 年发布了两批新成果，包括 100 TeV 能段的高能质子宇宙射线能谱，和 80 TeV 的高能氦核宇宙射线能谱。2021 年 9 月，“悟空号”还发布了首批 γ 光子的探测数据。这些数据将为科学家进一步研究宇宙射线和天体物理过程提供重要的支撑。

### 电子宇宙射线能谱

“悟空号”在轨运行的前 530 天，共采集了约 28 亿个高能宇宙射线事件，其中包含约 150 万个 25 GeV 以上的高能电子宇宙射线事件。基于这些数据，科研人员获取了迄今为止精度最高的高能电子宇宙射线能谱。该成果已于 2017 年 11 月 30 日发表在《自然》（*Nature*）期刊上。

下页这张图，就是“悟空号”通过 530 天的测量数据绘制出的高能电子宇宙射线能谱（红色数据点），以及与费米 γ 射线空间望远镜中的大天区望远镜（Fermi-LAT，蓝色数据点）、阿尔法磁谱仪（AMS-02，绿色数据点）、高能立体视野望远镜阵（H.E.S.S.，灰色数据点）的数据对比。图中，横坐标是电子的能量，纵坐标代表了该能段的高能电子的流量。

从这张图上，我们能读出一些什么信息呢？

＊根据“悟空号”数据绘制出的高能电子宇宙射线能谱

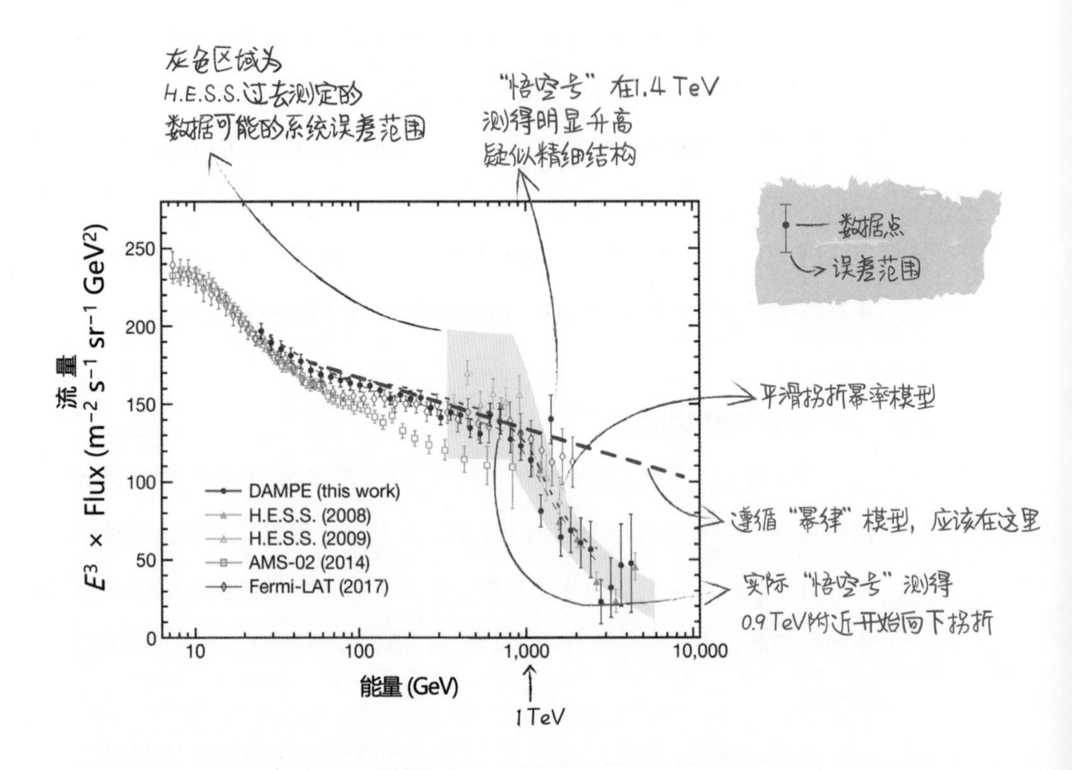


首先，是能谱的覆盖范围，或者叫能谱“宽度”。“悟空号”的测量范围（也就是横坐标的范围）覆盖了 5 GeV 到 100 TeV，尤其是高能段部分，比 Fermi-LAT 与 AMS-02 的测量范围更宽；而测量范围相近的 H.E.S.S.，只能在大气层内开展间接测量，存在较大的系统

误差（灰色阴影区域）。“悟空号”的高能电子探测结果，目前在高能段覆盖范围最宽、测量最准确，拓宽了我们对宇宙观察的窗口。

其次是探测的精确度。从图中可以看出，在 TeV 前后的能量范围里，“悟空号”的能谱精确度最高。这归功于它优异的粒子鉴别能力，能有效除去本底质子信号的干扰，获取“纯净”的电子样本。

得益于“悟空号”较大的覆盖范围和较高的精度，我们能从它的测量结果中得出一些新的发现：

① 首次以高置信度直接测量到电子宇宙射线能谱在大约 0.9 TeV 处出现的向下拐折，即“软化”现象。也就是说，电子宇宙射线在 0.9 TeV 处偏移了幂律模型，而更符合一种叫“平滑拐折幂率”的理论模型。高能电子的能量，反映了宇宙中那些能辐射出高能电子的天体对电子的加速能力，因此精确测量高能电子的软化，对于判定这部分电子宇宙射线是否来自于暗物质起着关键性作用。

根据传统的宇宙射线模型，所观测到的宇宙射线应该呈均匀且连续的分布，测量的电子能谱应该遵循幂律，不会呈现这种“拐折”结构。而对高达 TeV 级别能量的正负电子而言，它们的能量很高，所以有效寿命很短，宇宙中大多数射线源放出的高能电子还来不及到达地球就衰减了。所以在这个能量级别上，我们所接收到的高能电子应该是来自于较近的宇宙射线源。这种近距离的射线源数量不多，分布相对离散而不再均匀，在能谱上就可能体现为偏离幂率的“拐折”。“悟空号”的这项观测结果，为我们理解 TeV 电子宇宙射线的来源，限制理论模型中这些来源的参数提供了重要依据，同时也可以帮助科学家给出一些暗物质模型的参数限制范围。

② 能谱数据在大约 1.4 TeV 的地方有个明显的升高，说明此处可能存在精细结构，但接下来还需要收集更多有效数据，以验证该精细结构是否存在，同时也期待其他探测器能在这个能段收集到更准确的数据进行相互验证。一旦该精细结构得以确证，将是粒子物理或天体物理领域的突破性发现。

## 质子宇宙射线能谱

“悟空号”在前两年半的运行中，共收集到约 2000 万个高能质子事件。据此，科研人员绘制出了宇宙射线中高能质子在 40 GeV 到 100 TeV 能段的精确能谱测量结果，并于 2019 年 9 月 27 日发表在《科学进展》（*Science Advances*）期刊上。

质子是宇宙射线中丰度（也就是用数量占比来表示的丰富程度）最高的粒子，占比约 90%。对质子能谱的精确测量也有助于理解宇宙射线物理的基本问题。例如，近年来一些直接观测实验发现质子能谱在数百 GeV 能量处出现偏移幂律模型的硬化。这种硬化的来源可能反映出天体（粒子源）对质子加速的细节，或者质子在银河系中的传播规律，也有可能是附近某些新宇宙射线源的贡献。区分这些不同理论模型，就需要更高能段、更加精确的能谱观测，例如其中一个核心问题就是能否验证在数百 GeV 至数百 TeV 能段中存在新理论所预测的能谱结构。

右页这张图，就是“悟空号”绘制的高能质子宇宙射线能谱（红色数据点），以及与同类探测器测得的能谱数据的对比。“悟空号”的测

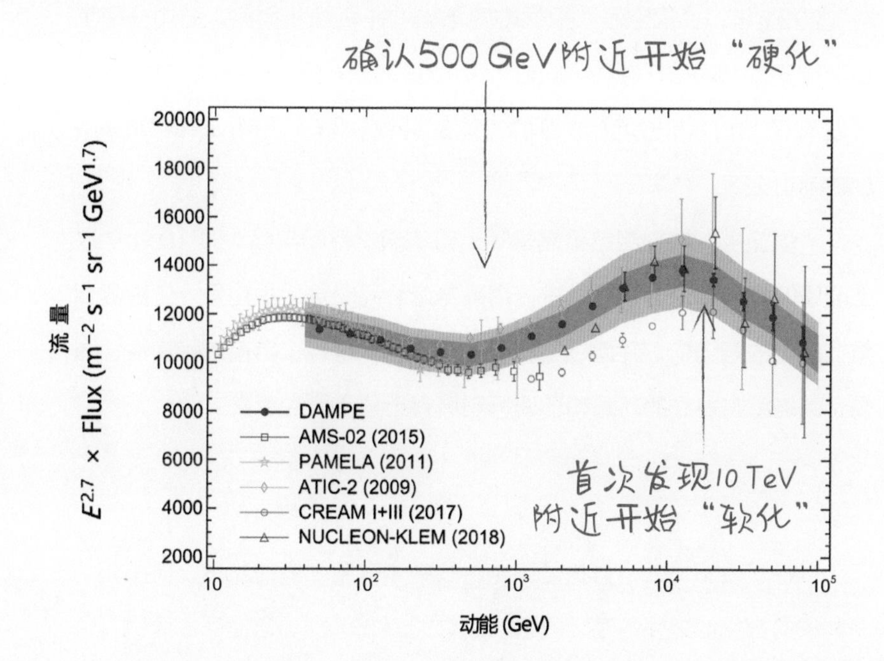


*根据“悟空号”数据绘制出的质子宇宙射线能谱

量结果再次确认了质子能谱在 500 GeV 左右开始的硬化现象，并且测出了更精确的能量值。

另外更值得一提的是，“悟空号”还首次以高置信度测量到了质子能谱在约 14 TeV 处出现的明显软化现象。科学家们推测，这一新发现有可能是因为地球正好毗邻某个宇宙射线源，软化的能量范围就正好对应这个射线源对于质子加速能力的上限。

“悟空号”的高能质子能谱测量结果，有望帮助科学家进一步揭示高能宇宙射线的起源和加速机制。我们也期待能对这些未知的宇宙射线源进一步定位和深入研究。

### 氦核宇宙射线能谱

2021 年，“悟空号”根据前四年半的在轨观测数据，成功获得了氦核宇宙射线从 70 GeV 到 80 TeV 能段的精确能谱测量结果。该结果发表在 2021 年 5 月 18 日的《物理评论快报》(*Physical Review Letters*) 上。

“悟空号”的探测结果是国际上首次通过空间实验，对 10 TeV 以上能段的氦核宇宙射线能谱进行精确测量。同时，“悟空号”还探测到氦核能谱的新结构，并通过与质子能谱对比，发现了电荷依赖特性，对揭示高能宇宙射线的起源和加速机制具有十分重要的意义。

除了质子之外，氦核是宇宙射线中丰度第二高的粒子。质子和氦核的数目加起来占了宇宙射线总量的约 99%。“悟空号”凭借其优异的电荷分辨本领，可以有效鉴别高能宇宙射线的质子（带一个单位正电荷）与氦核（带两个单位正电荷），实现对质子能谱和氦核能谱的精确测量。

右页的两张图，就是“悟空号”绘制的高能氦核宇宙射线能谱（红色数据点），以及与同类探测器测得的能谱数据的对比。一张展示了氦核总能量的能谱，另一张展示了氦核中核子（即质子和中子）的平均动能。从图中我们可以发现：

① 与其他探测器的实验结果相比，“悟空号”的测量结果在 TeV 以上能段的误差更小，也就是精度显著提高。

② 氦核能谱和前面一节提到的质子能谱表现非常相似，在 TeV 能段都存在先上升、后下降的趋势。能谱出现相似的变化趋势，就提示我们这些氦核和质子可能存在共同的起源。

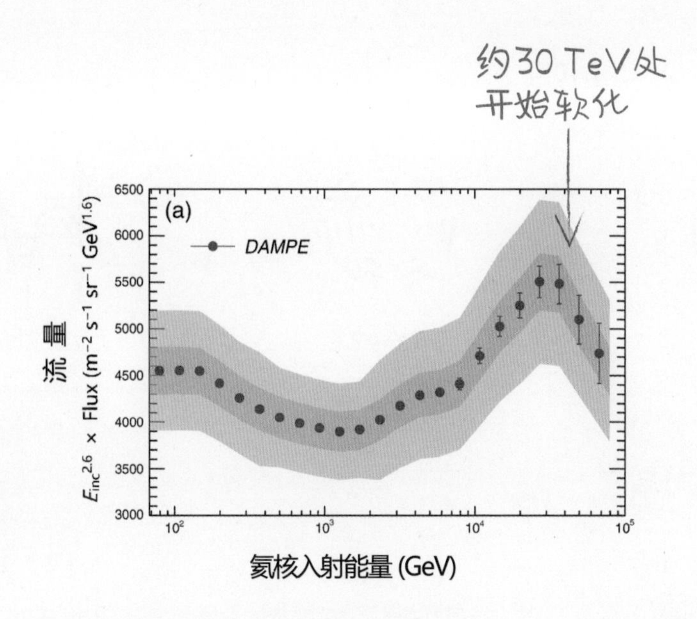


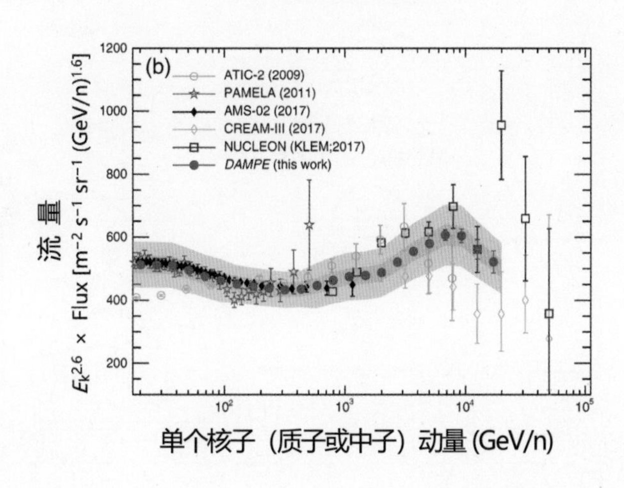


＊根据“悟空号”数据绘制出的氦核宇宙射线能谱

③ “悟空号”首次得到氦核能谱在大约 30 TeV 处出现软化的高置信度记录，而前面也提到质子能谱的软化大约出现在 14 TeV。二者的大小比例，正好接近氦核和质子的电荷比 2:1。“悟空号”发现的这一

**2014年10月 — 2015年10月**

**2015年4月 — 11月**

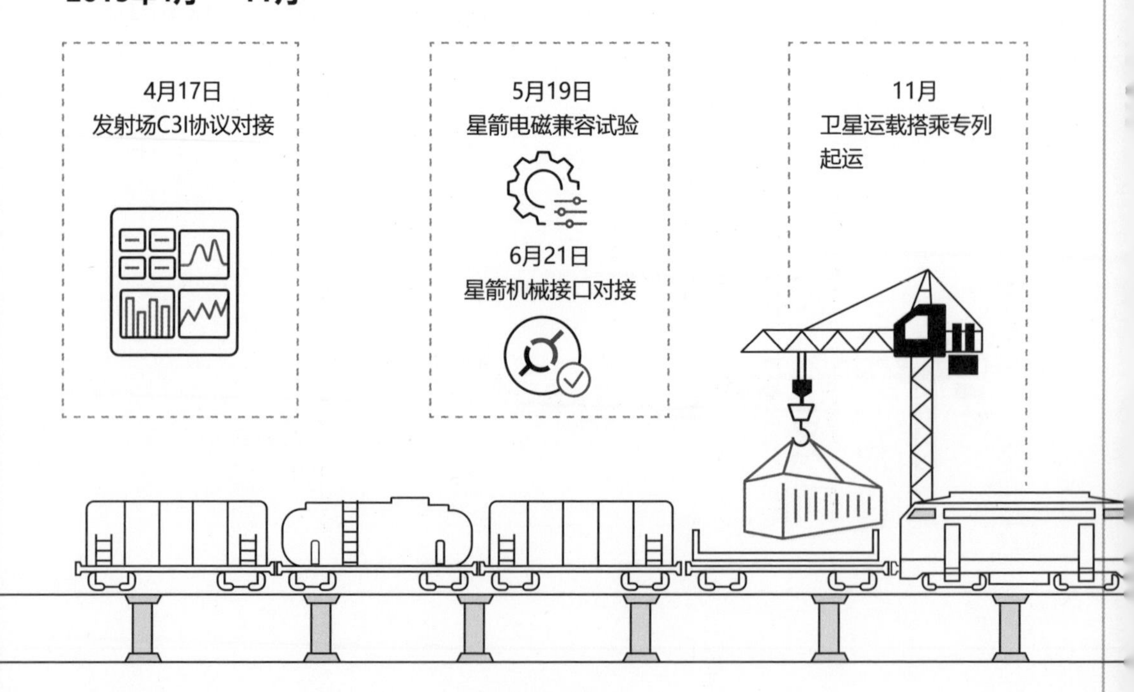


**正样阶段**

| 完成载荷齐套、整星正样验收级试验 | 运载火箭出厂院级评审 | 卫星出厂院级评审 |
| --- | --- | --- |
| 2015.5 — 2015.9 | 2015.7.15 | 2015.11.1 |
| 2014.10 — 2015.11 | | |

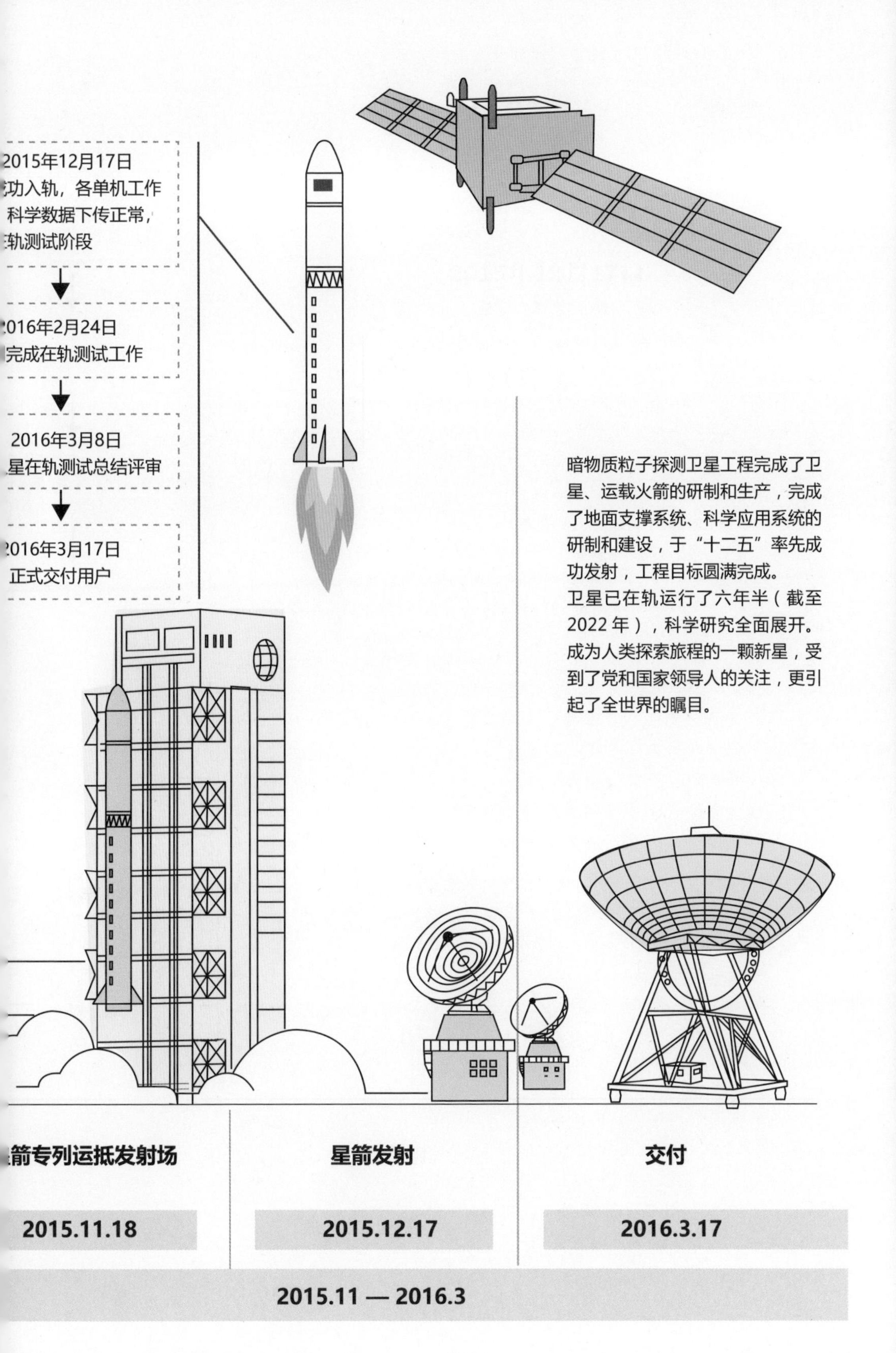
2015年12月17日
功入轨，各单机工作
科学数据下传正常，
轨测试阶段
016年2月24日
完成在轨测试工作
2016年3月8日
星在轨测试总结评审
016年3月17日
正式交付用户
暗物质粒子探测卫星工程完成了卫星、运载火箭的研制和生产，完成了地面支撑系统、科学应用系统的研制和建设，于“十二五”率先成功发射，工程目标圆满完成。
卫星已在轨运行了六年半（截至2022年），科学研究全面展开。成为人类探索旅程的一颗新星，受到了党和国家领导人的关注，更引起了全世界的瞩目。
箭专列运抵发射场
星箭发射
交付
2015.11.18
2015.12.17
2016.3.17
2015.11 — 2016.3

# 暗物质粒子探测卫星工程项目建设历程

## 确立科学目标

暗物质粒子探测卫星是一台给宇宙射线和高能粒子拍照的“照相机”——它最主要的科学目标，就是高精度、宽能段地观测宇宙中的γ射线和高能电子、宇宙射线核素的能谱和空间分布。

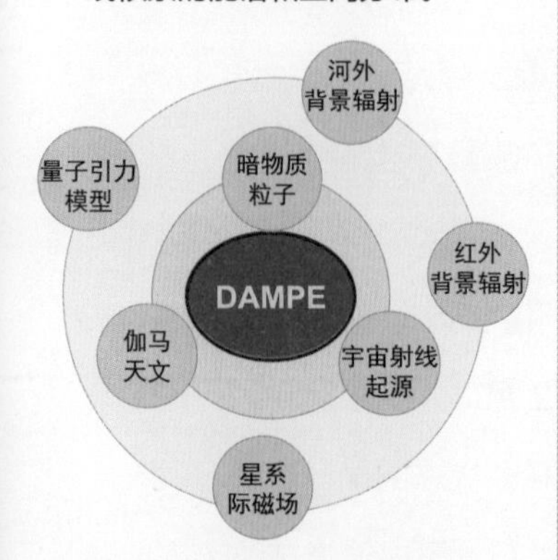


## 确立卫星平台7个分系统 有效载荷5个分系统

- 塑闪阵列探测器
- 硅阵列探测器
- BGO量能器
- 中子探测器
- 载荷数管

根据暗物质探测仪器的外形和重量的特殊性，在国内三个卫星研制单位中公开择优，确定了卫星研制单位。

**论证阶段**

**提出科学目标，平台择优，立项**

**2011.1 — 2011.12**

2011年12月
卫星系统启动工程研制，确立平台7个分系统，载荷5个分系统

2012年6月
确定与运载、发射场、测控、地面的接口

2013年3月
有效载荷在南京完成电性件桌面联试，联试结果正常

2013年4月
结构力学性通过试验，关键技术攻关突破

卫星重量：小于1900 kg
载荷重量：小于1400 kg
运载火箭：长征二号丁运载火箭
发 射 场：酒泉
轨道高度：500 km
轨道倾角：97.4065°
观测模式：巡天+定向

**方案阶段**

**5项关键技术攻关、有效载荷电性件、结构星力学试验**

**2011.12 — 2013.4**

## 卫星完成初样研制，通过了整星鉴定级试验

2013年4月
卫星转入初样研制

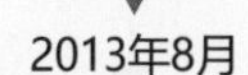

2013年8月
硅探测器研制，硅探测器更改为国际合作方式，瑞士日内瓦大学加入

2014年5月
载荷完成鉴定件研制，通过单机鉴定试验

2014年9月
卫星完成鉴定星总装，通过鉴定试验

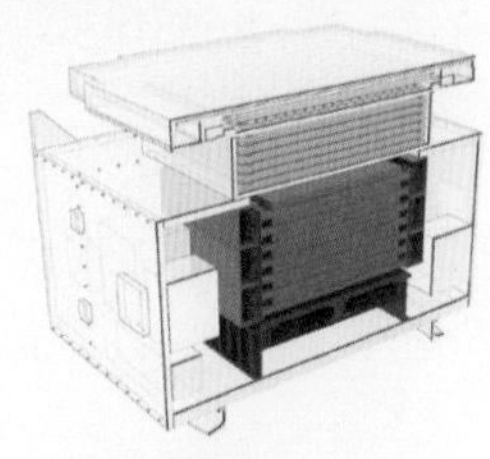

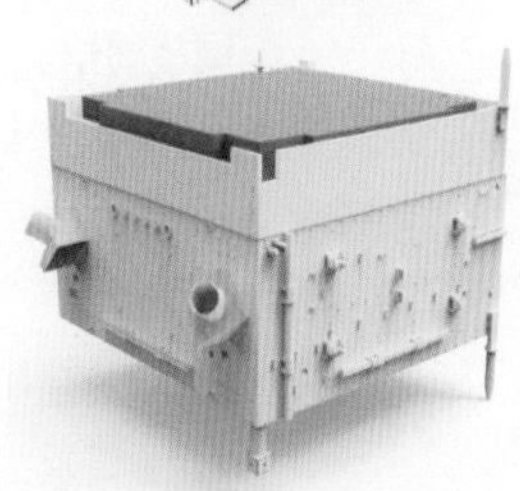

**初样阶段**

**载荷完成研制及鉴定试验、整星鉴定级试验、束流标定**

**2013.4 — 2014.9**

新拐折，及其可能与电荷相关的特性，预示着这些高能质子与氦核可能来自地球附近的某个宇宙射线加速源，而软化的能量范围同样也对应这个射线源对于氦核加速能力的上限。

## γ 光子科学数据

γ 射线观测是宇宙学研究的重要课题和研究手段。因为 γ 射线的本质就是一种高能光子，而光子不带电荷，在传播过程中受到天体磁场的影响小，所以我们能通过其入射方向反推出源头在哪里。这是前面提到的几种高能粒子所不具备的特性。

2021 年 9 月，“悟空号”发布了首批 γ 光子科学数据。这次公开发布的数据包括 2016 年 1 月 1 日至 2018 年 12 月 31 日记录到的 99 864 个 γ 光子事件，以及与之相关的 1096 条卫星状态记录。这些数据由国家空间科学数据中心和紫金山天文台联合发布，可以通过在线平台获取。

接下来，“悟空号”将通过国家空间科学数据中心与紫金山天文台的数据平台持续发布 γ 光子科学数据，并开展数据分析与应用技术及工具的研发，为公众提供更多样、更精细、更透明的数据共享与应用服务。

当然，“悟空号”的科研成果还远不止这些。除了关于电子、质子、氦核的三类发现以及 γ 射线观测数据，“悟空号”的探测数据还帮助科研人员在高能中子、正负电子对、中微子、脉冲星、标量暗物质等多个领域取得突破性的成果。

历数了“悟空号”这么多的神通，你是否好奇探测器究竟是怎样“看到”高能粒子的？“悟空号”优异性能的背后，有哪些设计上的巧思或重大创新？支撑“悟空号”研发和运作的，又是怎样的一个科学家和工程师团队？在接下来的几章里，这些问题都将得到一一解答。

“悟空号”在 γ 射线观测方面具有极高的能量分辨率。目前，“悟空号”已经从 20 GeV 以上的 γ 射线数据中证认出超过 200 个稳恒的 γ 射线源。这些射线源有可能是活动星系核、脉冲星、脉冲星风云和超新星遗迹等，可用于深入研究活动星系核的黑洞喷流成分、脉冲星产生脉冲辐射的机制以及超新星遗迹对宇宙射线加速的贡献。除此之外，“悟空号”获取的 γ 射线数据还将为研究银河系中心的巨大 γ 射线泡的形成机制提供新的观测信息。

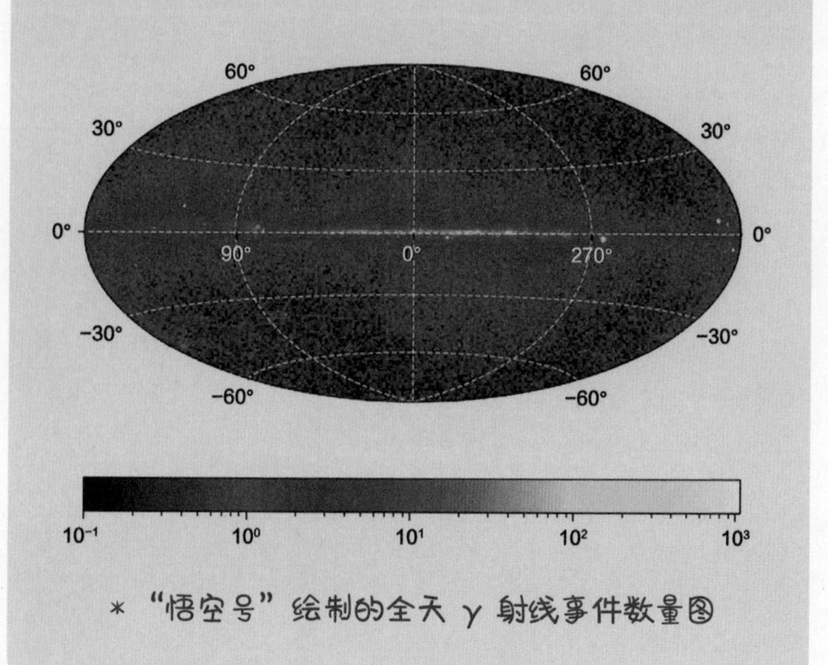


* “悟空号”绘制的全天 γ 射线事件数量图

探测器
重量
BGO
NUD
PSD
STK
数量
幂律
能量
偏离规律
可能存在异常
高分辨率，可以看出异常
理论预测值
低分辨率，无法判断是否异常
入射事件
区分
空间来源
探测器
PN结（半导体）
无电流
电源
高能粒子
产生瞬时电流
γ射线
电子、质子，……
闪光
直接
穿过
高能粒子
BGO晶体
近的一端，光信号强，适合分析较低能量粒子
远的一端，光信号弱，适合分析较高能量粒子
高能质子$p^+$
高能电子$e^-$、γ射线
光纤
硅 Si
钨 W
硅 Si
$\gamma \to e^+ + e^-$
投影
高能粒子
DAMPE
事件
能量
数量
种类
方位→来源
能谱
实测
异常值
暗物质“踪迹”
旧理论
星系
距离
速度
26.8% 暗物质
4.9% 普通物质
暗能量
WIMP
对撞
(LHC)
速度
实际速度
星系中心

# CHAPTER 2
# “悟空号”的工程系统组成

前一章里我们提到，“悟空号”其实就是一台给宇宙射线和高能粒子拍照的“照相机”。那么问题来了：给宇宙拍照，要分几步呢？

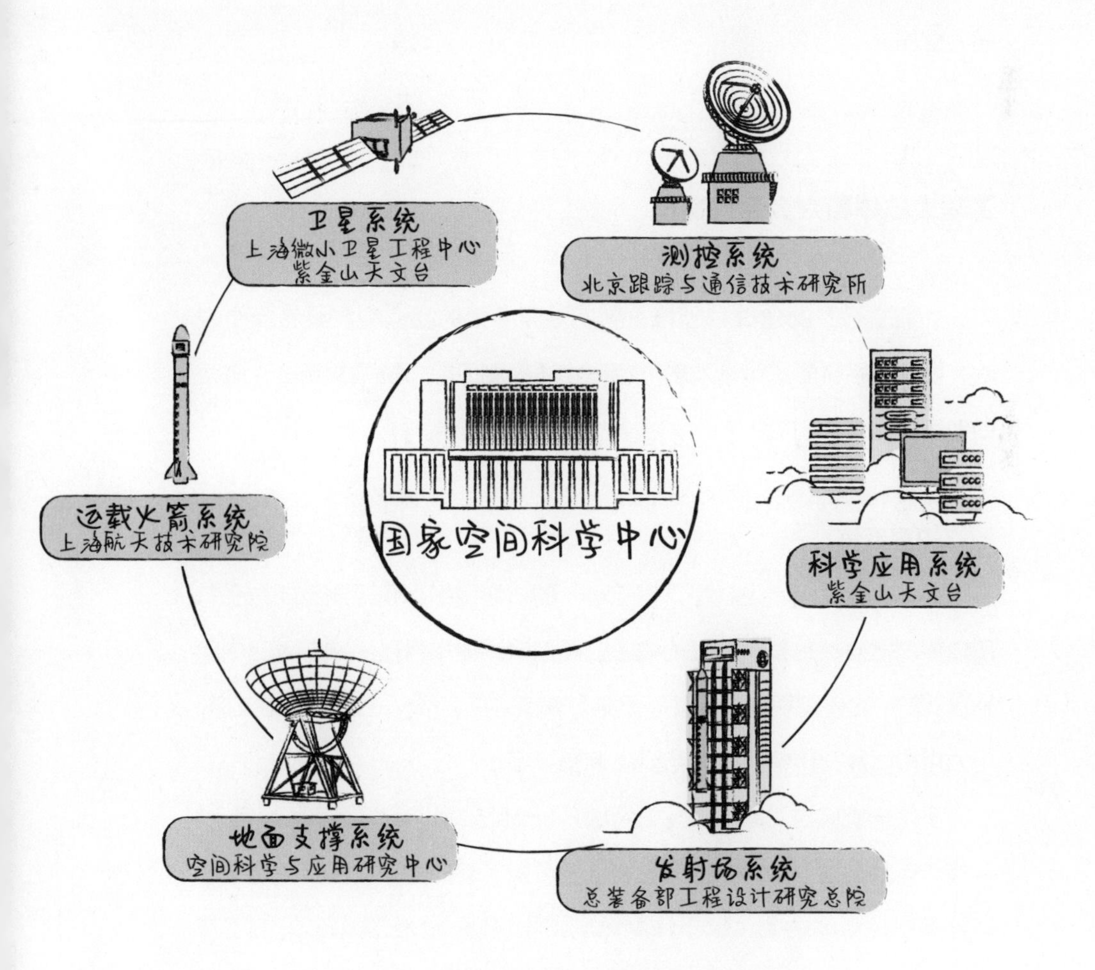


＊ “悟空号”背后的各大团队

按照以前流行的梗来说，三步就够了：第一步，把相机架好；第二步，拍照；第三步，冲洗照片。但探测高能粒子真没有这么简单。首先相机要架到太空中去，离地球“也就”500 km；其次，拍照要远程操控，快门线和自拍杆都不够长；再者，相机边飞边拍，拍完的照片还要在合适的时间和位置传回地球，蓝牙和 Wi-Fi 全指望不上；最后，拍出来的“底片”全是乱码，还得由科学家用特殊的方法“冲洗”出来……因此给高能粒子拍照可一点都不简单。

从“架设相机”到“洗印照片”这一大套，用科学的话来说，是一项“系统工程”。所以，“悟空号”的背后，是几大团队的各司其职、通力合作。

## 工程大总体和六大系统概览

“悟空号”的建造和运行，到底需要多大的团队呢？或者换个说法：如果一名科学家策划发射一颗暗物质探测卫星，需要找哪些人来帮助他实施这个计划呢？

### 卫星系统

科学家的需求，也就是“悟空号”的科学目标，是探测高能粒子，所以探测器自然是整个工程的核心。然而探测器本身是没法在太空中单独运转的，它还需要许多“基础设施”来辅助其运行——例如结构支撑、电力供应、数据传输、定位与姿态调整等等。

于是一枚科学卫星可以分为两部分：一部分是探测器（实验设备），叫作“有效载荷”；另一部分是辅助探测器运转的卫星平台。卫星平台就好像是探测器的家，给予探测器庇护和温暖，为它营造最好的工作环境。

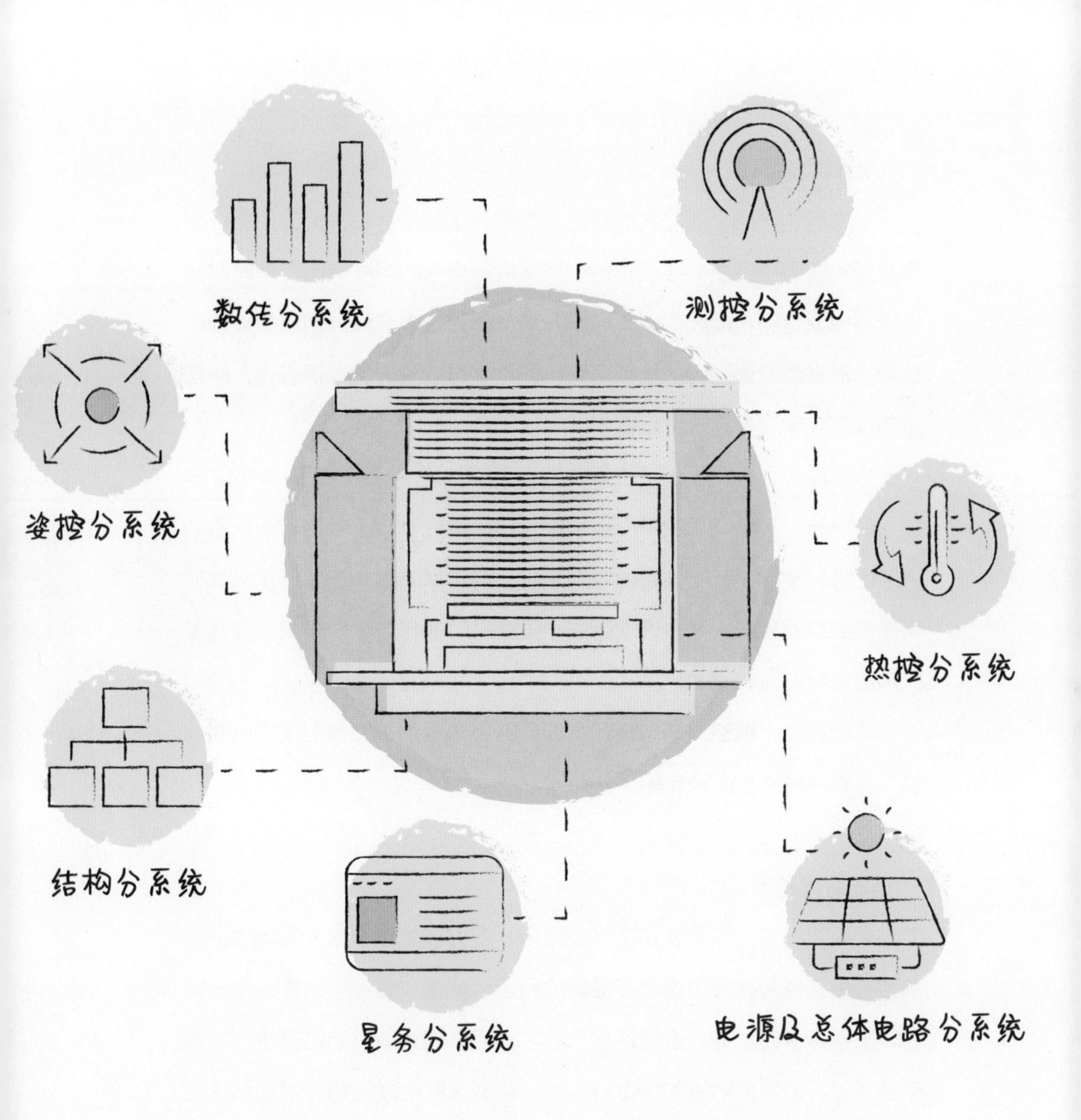


* 一个好汉三个帮，一个探测器……好多辅助系统

“悟空号”首要的组成部分便是**卫星系统**。**卫星系统团队**的任务，是研制一颗装载暗物质粒子探测器的天文卫星，让这颗卫星可以在规划时间内维持在轨运行，同时获取科学探测数据并传送至地面。

### 运载火箭系统

卫星组装好后，还需要把它送入太空，这就是运载火箭的工作。根据卫星的重量和需要去往的轨道，选择合适型号的运载火箭；有时候还会搭其他卫星的“顺风车”，通过一箭多星的技术充分利用运载火箭的载荷，把多颗卫星同时送往相近的轨道（不过，我们的“悟空号”所搭乘的运载火箭只有它一位乘客）。

“悟空号”选用了长征二号丁运载火箭。这个系列火箭从 1992 年投入使用起，截至“悟空号”诞生前，已经完成了二十多次不同轨道的发射任务，发射了三十多颗国内外卫星，成功率高达 100%，是一款非常成熟的商业运载火箭。这次运送“悟空号”的任务，对于长征二号丁火箭而言自然驾轻就熟！

总而言之，**运载火箭系统团队**的任务是研制用于发射卫星的运载火箭，将卫星准确送入预定轨道。

### 发射场系统

运载火箭设计、研发和生产完成后，接力棒就该交给发射场了。火箭出厂后，需要在发射场进行最后的吊装、调试、转运等工作。与此同时，工程师会对发射场进行评估，看它能否满足运载火箭的需求，如果不能满足，还需要对发射场进行改造。运载火箭的发射由发射场负责组织实施。直到卫星被送上预定轨道，发射场和运载火箭的任务才算圆满结束。

**发射场系统团队**负责的工作就是发射场适应性改造，以及发射任务的测试、组织、指挥、实施，并提供技术勤务保障。

＊发射场系统的出镜率最高，见证了
中国航天的飞速发展

前面的这三大系统——卫星、火箭和发射场，对公众来说是最引人注目的环节，尤其是点火发射那一瞬间，更可谓是“高光时刻”。然而卫星顺利运行的背后，还离不开测控系统和地面支撑系统的支持，它们是不可或缺的幕后英雄。

## 测控系统

“雷达跟踪正常”“遥测信号正常”……这些熟悉且令人舒心的口令，就是测控系统团队难得地走进公众视野的时刻。火箭的发射是不是“走上正轨”，卫星是不是到达预定位置，整体工作状态是否正常，都是测控系统每时每刻需要掌握的情况；万一卫星出现偏差需要修正轨道，修正的指令也将由测控系统向卫星发送。在开展科学实验的同时，卫星的姿态乃至轨道都可能需要调整，这也是测控系统承担的任务。

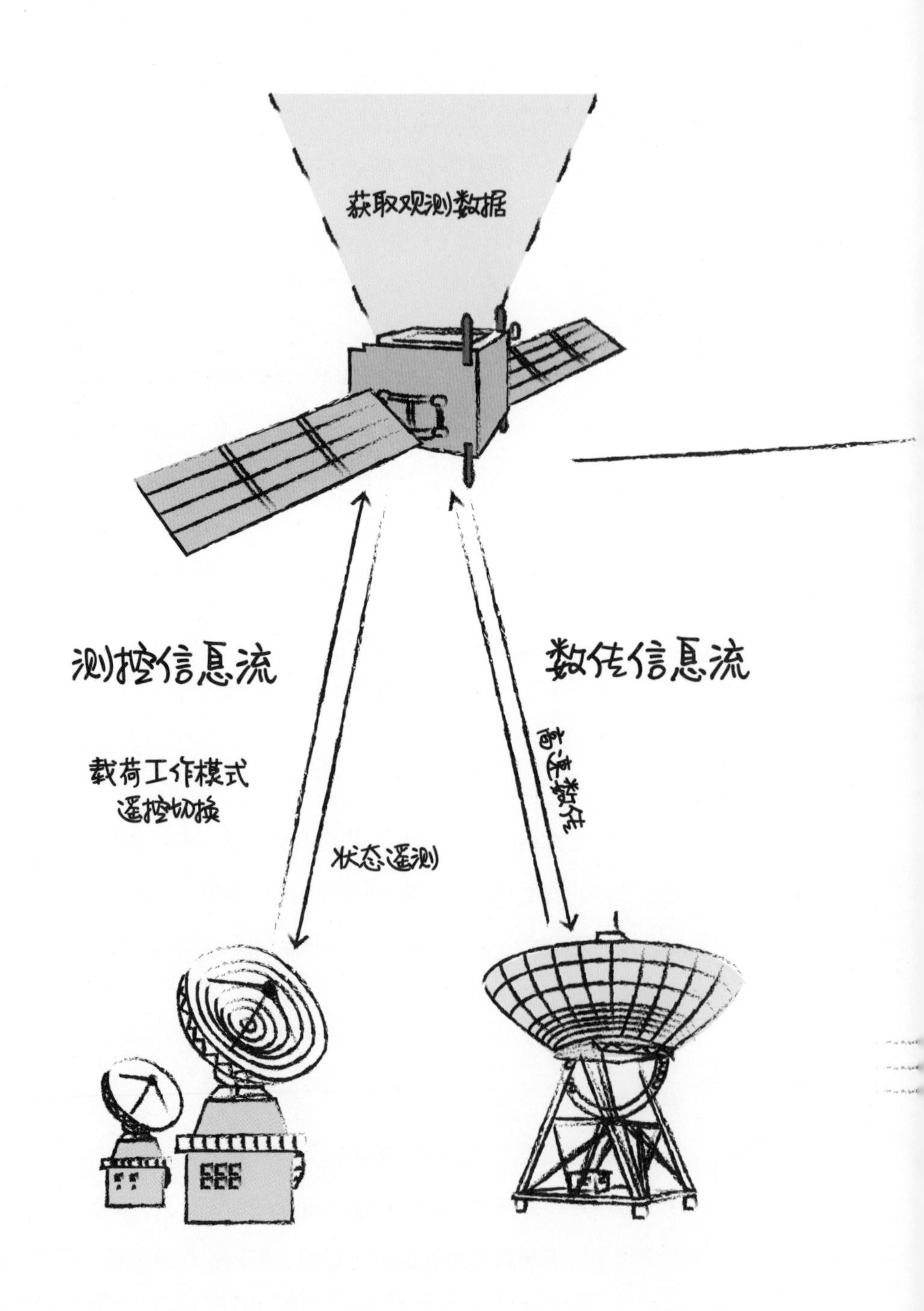


* 测控系统和地面支撑系统保证了信号的上传下达与有效载荷的数据传输

卫星信息流

卫星平台

卫星载荷

时间+位置+指向

载荷观测信息

大容量存储

数传发射机

归档保持

数据保持

**测控系统团队**负责火箭发射、卫星入轨及在轨工作期间的测控任务，要完成火箭的跟踪测量以及遥测数据的接收、传输和处理，确定卫星轨道，监视卫星状态，并对卫星发出遥控指令，支持科学探测任务的实施。

### 地面支撑系统

前文说到，科学卫星分成卫星平台和有效载荷两部分。卫星平台的监控工作交给了测控系统，而有效载荷，也就是探测器本身的监测和管理工作，则由地面支撑系统来完成。在太空中，探测器的工作状态和采集到的数据首先上传到卫星平台，再由卫星平台打包，发送给地面接收站。地面收到这些数据后，就要紧锣密鼓地进行拆包处理（具体的处理流程在第 5 章中还会详细介绍），然后根据这些数据来判断卫星是否工作正常，并确定传回的数据中哪部分是需要进一步分析的原始观测结果，而这些数据又该保存到哪里，分发给哪些科研工作者使用。

**地面支撑系统团队**负责对卫星有效载荷在轨运行的管理和状态监控，根据科学探测需求和星地资源状态，进行探测任务和数据接收规划，并生成相应的控制指令，确保卫星有效载荷可靠高效运行；完成科学数据的接收、预处理和初步浏览，对各级数据产品进行统一管理与永久归档，最后把这些数据整理归纳成科学家们可以直接使用的“科学数据产品”，按需求分发给科研工作者，供他们进一步分析研究。

有了前述的五大系统团队，就足以协助科学家完成发射、维护一颗科学卫星所需的全流程工作。辛苦耕耘之后该期待收获了，因此最后这一部分工作——科学应用系统将是科学家后期最关注的内容。

### 科学应用系统

科学家千辛万苦才把一颗卫星发射上天，当然要把卫星在轨运行的每一分每一秒都利用起来。计划在什么时间用卫星观测哪片天区、哪个目标，又如何从观测得到的原始数据中分析出科学家感兴趣的物

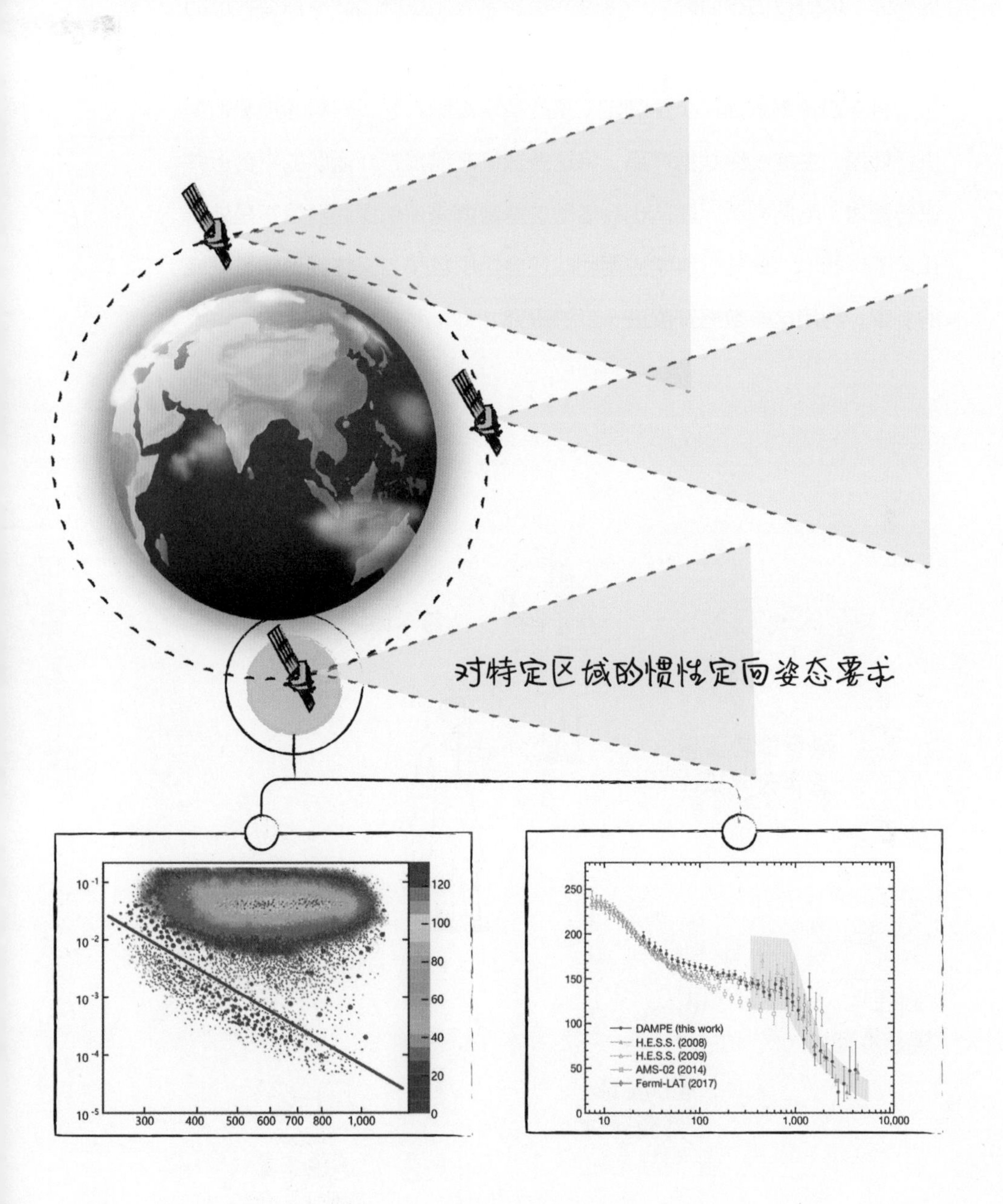


＊科学应用系统负责选定目标天区和输出科学成果

理事件，以进行后续研究……这些都是科学应用系统团队所需要考虑的问题。

**科学应用系统团队**负责制定卫星的科学观测计划，对科学观测数据进行处理，生成高级数据产品，将这些数据产品发布在团队的平台上并进行管理。与此同时，团队也会借助这些数据来评估探测器是不是处于正常工作状态。此外，科学应用团队还会组织粒子与天体物理相关领域的专家，利用这些数据开展进一步的研究。

＊统揽全局的工程大总体

以上的六大系统团队，就是我们研制和运行科学卫星所需建设的组织架构。在六大系统之上，我们还有负责协调这些团队的**工程大总体**。

顾名思义，工程大总体就是在卫星工程中统揽全局的团队。他们负责完成以下工作：

① 科学家提出的新思想，工程大总体要组织论证实施方案和经费，获批后还要组织立项，成立工程队伍；

② “悟空号”有效载荷质量大且结构特殊，工程大总体需要从国内 3 家优势单位中遴选出最适合的那家；

③ 工程立项后，工程大总体要组织协调六大系统各阶段的工作，监督项目的进度和经费的使用，解决短缺资源，完成工程的研制、生产或建设任务，并于卫星发射后组织项目验收，实施在轨科学实验等工作。

## 团队如何合作无间——六大系统间的合作与接口

仅仅有各自为战的团队，自然不能称之为“系统工程”。只有当各团队之间建立起可靠的纽带——系统间接口时，所有人才能有效地衔接起来，协同作战。

这里所说的“接口”，既包括物理意义上的连接结构，又包括数据传输、人员交接等虚拟意义上的连接方式。它们大致可以分为 3 类：硬件接口——为了设备间互相连接而设计的特定物理结构；软件接口——为了设备间互相交流而设计的特定的软件协议和数据格式；程序接口——为了不同团队人员工作交接而设计的特定的工作流程和工作方法。

那么六大系统之间都有哪些接口呢？

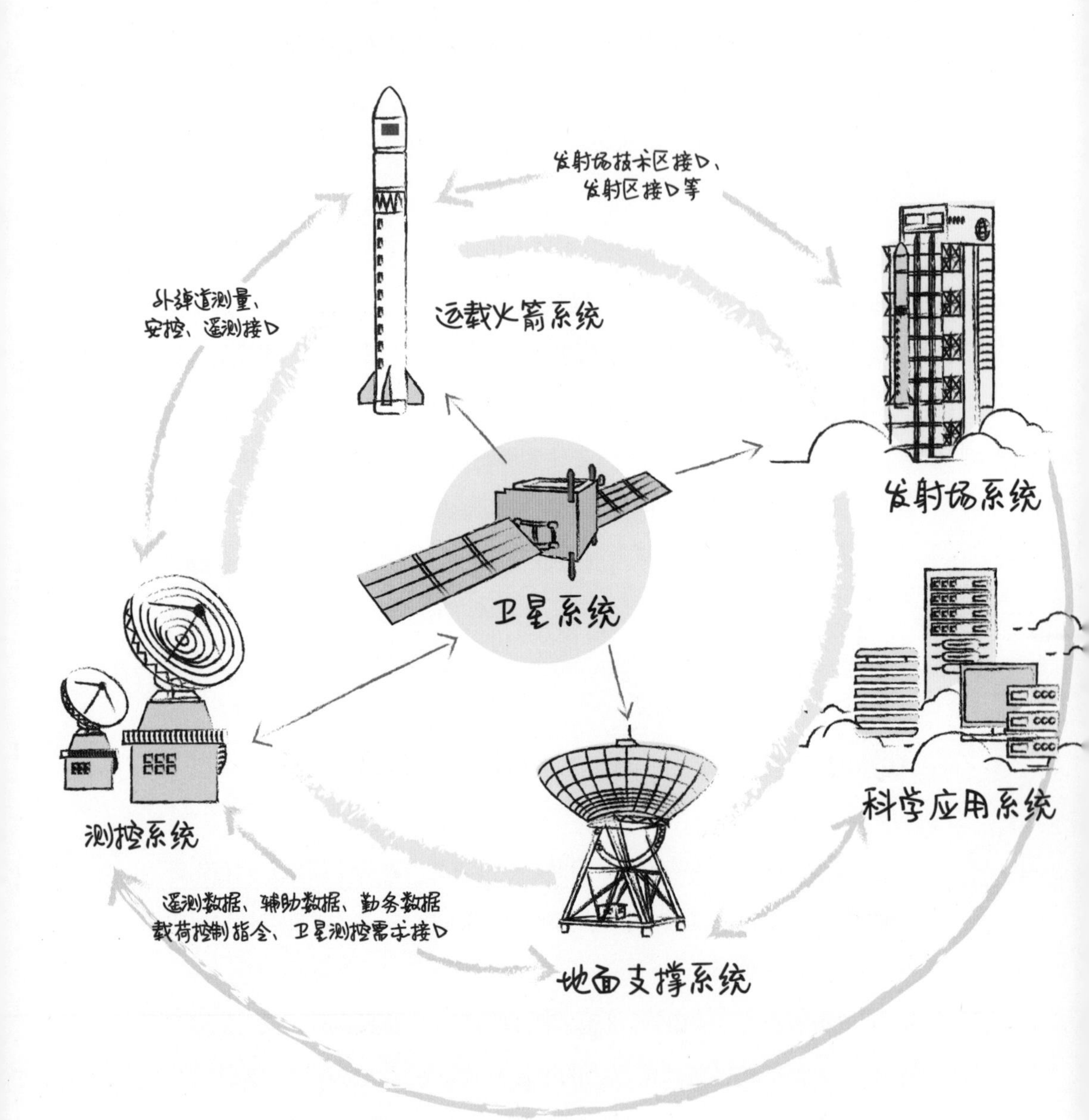


* 通过各种接口，数据在六大系统中“流动”起来

### 卫星系统与运载火箭系统接口

运载火箭要为卫星提供足够的安装空间，保证足够的运载能力，能按照要求的入轨精度将卫星送入预定轨道并成功实施星箭分离，所以火箭和卫星之间必须设计搭载卫星的机械接口，以及传输电力、信号的电路接口。

### 卫星系统与发射场系统接口

发射场为卫星提供总装、存放、测试、转运、无线信号转发等技术支持。当卫星通过电路接口与火箭相连后，还需要火箭再与发射场通过接口相连。因此，星箭组合体与发射场之间既要设计机械接口，以确保火箭能安稳放置、顺利发射，也要设计电气、信号的电路接口，以便为星箭组合体与发射场人员提供供电、控制与通信保障。

除此之外，卫星装入火箭、运抵发射场的过程中，还要设计总装和运输的程序规范——也就是程序接口，以便发射场团队人员能按照操作规程进行标准化作业。

### 卫星系统与测控系统接口

测控系统对卫星进行跟踪、测轨、轨道预报；按要求接收、处理卫星遥测数据，监控卫星工作状况；按要求发送遥控指令，注入上行数据；在卫星出现故障时，实施应急测控。要完成这些工作，需要卫星与测控系统间相互“听懂”对方的命令，也就是说需要一套协议来规范信号和指令的格式，涉及整体的测控体制、通信的频点，遥测和遥控协议，时钟的校准，卫星轨道的测量与确定，运行参数控制等。这些协议就叫作卫星系统与测控系统的接口。

### 卫星系统与地面支撑系统接口

除了测控之外，卫星向地面发送的最重要的数据就是科学观测结果了。这部分数据的接收方是地面支撑系统，因此卫星与地面支撑系统之间也需要一套协议——一般来说，科学数据和工程参数统一使用 CCSDS 标准（国际空间数据系统咨询委员会发布的规范，在第 5 章中还会详述）。卫星将 CCSDS 标准的数据通过无线数传信道传输至地面支撑系统。这就是卫星系统与地面支撑系统的接口。

### 测控系统与地面支撑系统接口

地面支撑系统在组织科学数据和工程参数时，需要掌握卫星的定位和时间等参数；反过来，地面支撑系统也需要控制卫星的运转或向卫星上传数据。这些操作都需要通过测控系统来完成。测控系统要把接收的遥测数据发送给地面支撑系统，包括轨道参数、星地时差等测控辅助数据，并把地面支撑系统向有效载荷下达的遥控指令与注入的数据传递给卫星。所以测控系统与地面支撑系统之间也需要一套接口，也就是二者之间的通信渠道和相关协议。

### 运载系统与发射场系统接口

运载系统与发射场系统的接口主要负责传输火箭的相关技术参数、对发射场的一般要求，发射场技术区状态、发射场发射区状态以及发射气象测量信息等。发射“悟空号”的长征二号丁运载火箭是一款成熟的运载火箭，不仅是火箭本身，火箭与发射场系统的接口同样久经考验，在设计和运行上都可以做到万无一失。

### 运载系统与测控系统接口

测控系统利用我国航天测控网对运载火箭提供测控支持，完成火箭各飞行段的跟踪测量，接收、记录和处理遥外测数据，实时监视和判定火箭飞行情况，必要时实施安控，并确定卫星初始轨道参数等，这一切都有赖于运载系统与测控系统的接口。我国航天测控网对火箭的测控已经非常成熟。

### 地面支撑系统与科学应用系统接口

卫星获得的科学数据最终要传给科学应用系统，也就需要在地面支撑系统与科学应用系统之间建立接口。地面支撑系统通过网络专线与科学应用系统相连接。地面支撑系统向科学应用系统提供快视数据产品、初级数据产品、卫星的轨道和星历数据，以及有效载荷的实时监控信息，而科学应用系统向地面支撑系统提供中长期观测规划、观测计划以及高级科学数据产品。

探测器
重量
BGO
STK
PSD
NUD
数量
幂律
理论预测值
低分辨率，无法判断是否异常
偏离规律
可能存在异常
能量
入射事件
区分
空间来源
探测器
PN结
无电流
电源
高能粒子
产生瞬时电流
射线
电子、质子、…
闪光
直接穿过
高能粒子
近的一端，光信号强
适合分析较低能量粒子
BGO晶体
远的一端，光信号弱
适合分析高能量粒子
高能质子p⁺
高能电子e⁻、γ射线
光纤
硅 Si
钨 W
硅 Si
γ→e⁺+e⁻
投影
高能粒子
DAMPE
事件
能量
数量
种类
方位→来源
能谱
实测
异常值
旧理论
26.8% 暗物质
4.9% 普通物质
68.3% 暗能量
WIMP
(LHC)
对撞
反冲
星系
距离
速度
实际速度
星系中心

# CHAPTER 3

# 致“知”力行：“悟空号”的科学仪器研发

暗物质粒子探测卫星如孙悟空一般的“火眼金睛”，不仅能“看到”宇宙中的高能粒子，还能够“识破”其身份，也就是鉴别不同种类的粒子，区分粒子带的电荷。比如，高能 γ 射线，也就是 γ 光子，是不带电荷的粒子；电子属于一种轻子，带有负电荷；还有“重”一些的粒子，

| | $m$ 质量（相对原子质量） | $q$ 电荷 |
| --- | --- | --- |
| 电子 e ⊖ | $5.5 \times 10^{-4}$ | −1e |
| γ射线 γ | 静止质量0 | 0 |
| 质子 P ⊕ | 1.007 | +1e |
| 中子 n | 1.009 | 0 |
| 氦核 He | 4.002 | +2e |

＊不同的高能粒子的质量和电荷

比如带正电荷的高能质子、不带电的高能中子，乃至更重一些的原子核（核电荷数 $Z = 1 \sim 26$），都是我们的“悟空号”所需要识别的对象。

当然，只“看到”和“辨认”高能粒子还不够，我们还需要测量这些高能粒子的入射方向，并记录其携带的能量大小。有了入射方向，我们就能反推高能粒子的射线源在哪里；知道了所有粒子的能量分布，就能绘制出能谱，也就是遥远天体和宇宙空间的“指纹”信息。

这些信息有什么用呢？天体的位置分布和能量高低，与宇宙的演化过程息息相关。因此这些“指纹”信息可以帮助我们研究宇宙演化的规律，推断宇宙过去的模样。更重要的是，如果这些观测信息与过往的理论预测出现了偏差，我们或许从中可以找出暗物质的踪迹。

要实现这些科学上的目标愿景，最终要落实到卫星的探测器设计和工程实现上。我们的科学家和工程师联手解决了一个个“烧脑”的难题，打造出世界领先的宇宙高能粒子探测器——它对于高能粒子的电荷、方向和种类有着精准的鉴别能力，是目前世界上观测能段范围最宽、能量

＊“悟空号”如何“看到”来自遥远天体的高能粒子，以及解读它们携带的信息

分辨率最优的高能粒子空间探测器。这些探测器，连同数据和电源管理的分系统，就组成了“悟空号”的有效载荷。

那么，科研人员遇到了哪些“烧脑”的难题，又是如何攻克这一道道难关的呢？本书将在接下来的这两章中为你娓娓道来。

## 捕捉高能粒子的踪迹：如何“看到”不同种类的高能粒子

“悟空号”的探测器，是如何“看到”高能粒子的呢？

人眼能看到光，靠的是视网膜把光信号转化为神经电信号。相机能记录图像，也是因为胶片在光照下发生化学反应，或者感光元件在光激发下发生光电转换。“悟空号”的探测器想要“看到”高能粒子，也需要类似的转换。

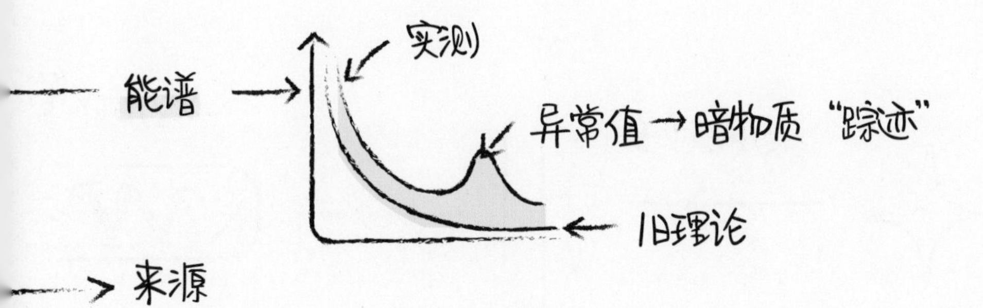

高能粒子撞击到一些物质上会发生相互作用（我们把一次撞击叫作一次“事件”）。这些物质大致可分为两类。第一类物质的代表是硅半导体，在受到高能粒子的撞击后会直接发生电离或者产生电信号，因此给它们装上相应的电路后就可以把这些信号收集起来。第二类物质的代表是锗酸铋（BGO）晶体，在受到高能粒子撞击时会发光，就像在“闪烁”一样，这一类物质因此被叫作“闪烁体”。我们在闪烁体的旁边安

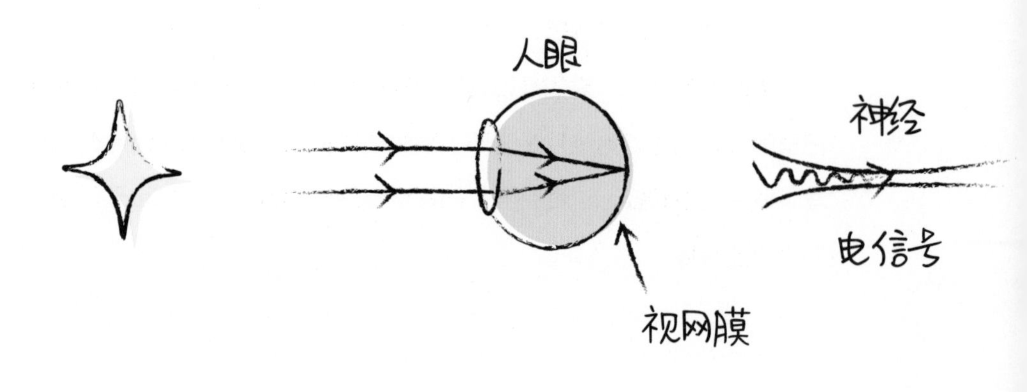


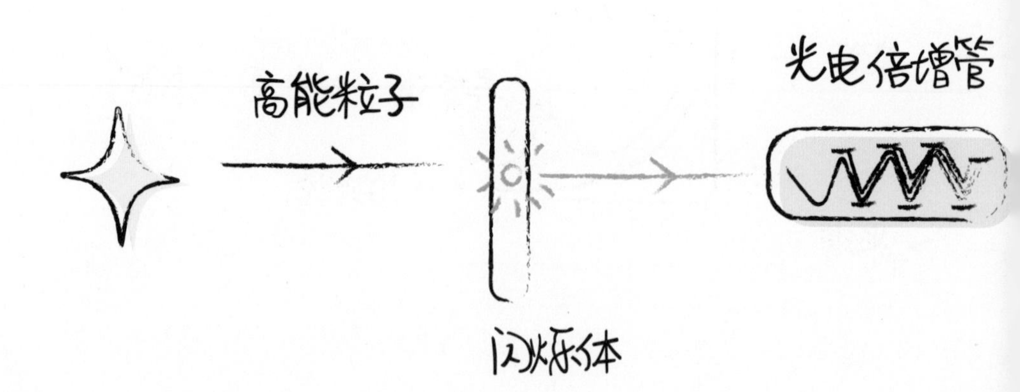

装光电转换设备，通过“高能粒子—可见光光子—电信号”的转换，也能记录下这些高能粒子事件。

“悟空号”上同时搭载了这两类物质作为高能粒子的探测介质。其中，探测介质为闪烁体的设备有 3 种，分别是：

① **BGO 量能器**，主要测量能量，鉴别电子和质子。

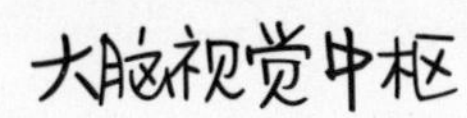

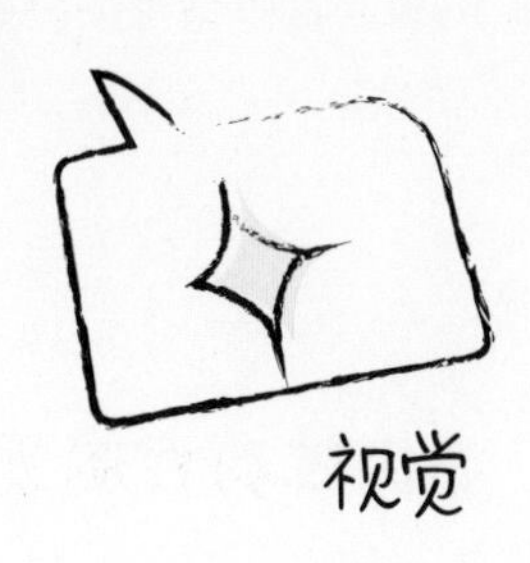


* 人眼和相机的光电转换与闪烁体的“光—光—电”两步转换

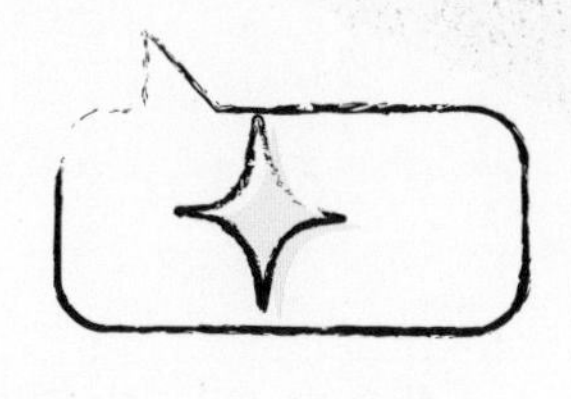

② **塑闪阵列探测器**（PSD），主要测量和鉴别高能电子和 γ 射线，以及鉴别高能重离子。

③ **中子探测器**（NUD），主要用于接收次级中子，判断入射粒子的类型，进一步提升鉴别质子和电子的能力。

探测介质为硅半导体（直接产生电信号）的设备有 1 种，即：

**硅阵列探测器**（STK），主要用于测量入射粒子的方向，同时也能区分入射粒子的种类（包括鉴别高能重离子）。

这四种设备就是“悟空号”最核心的部件。它们在卫星中的安装位置也不是随意的，而是像三明治一样叠摞在一起，协同发挥作用。当高能粒子入射后，会沿着一条条路径依次“点亮”各个探测器的部分探测介质，产生相应的光电信号或直接产生电信号。收到这些信号并对其进行处理后，我们就能据此推测出粒子的来源、种类、能量高低等各种信息。

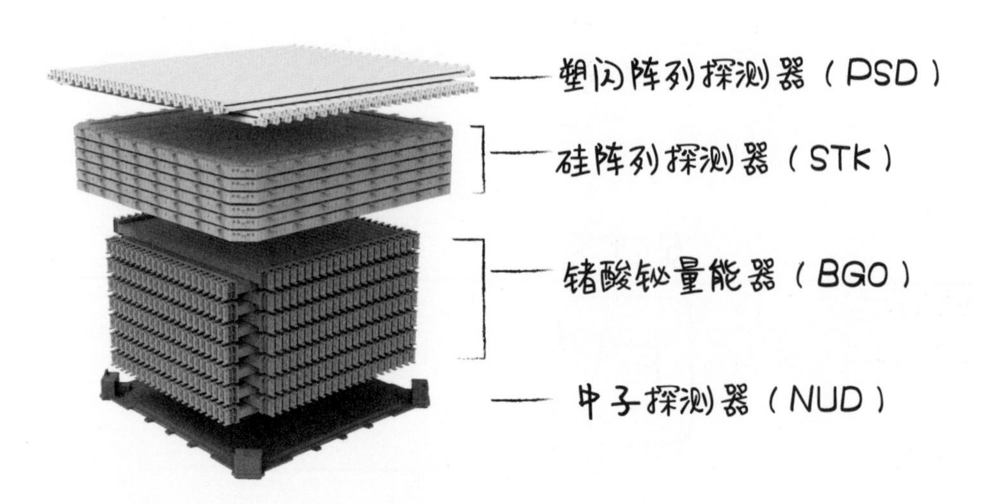


* “悟空号”的四种探测器

接下来，咱们先把“悟空号”的探测器依次“拆”下来，仔细观察其中的奥妙，然后再把它们依次“装”回去，探究一下其排布顺序中究竟蕴藏着设计者怎样的巧思。

## BGO 量能器

“悟空号”的四大探测器里，处在最中央、最核心位置的就是 BGO 晶体组成的量能器。BGO 的化学组成是 $Bi_4Ge_3O_{12}$，简称 BGO。BGO 量能器就是以一组 BGO 晶体作为闪烁体，再加上作为读出元件的光电倍增管构成的。在整个卫星的有效载荷中，BGO 晶体的质量占比高达 59%，所以有人把“悟空号”称作“BGO 晶体卫星”也毫不为过。

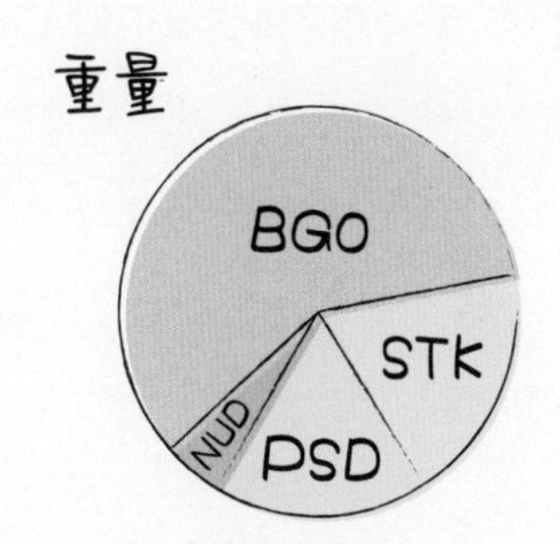


* BGO 晶体重量占了卫星载荷的一大半

为什么要选择 BGO 晶体作为探测器的主要材料，而 BGO 晶体又为什么会闪烁？这要从闪烁体的性质说起。

早在一百多年前，科学家便知道某些物质在携带着一定能量的粒子的撞击下会发出可见或者紫外波段的荧光，比如伦琴发现 X 射线的实验，居里夫妇发现钋和镭发射 $\gamma$ 射线的实验，以及卢瑟福的 $\alpha$ 粒子轰击实验等等，其中都出现了荧光的身影。到 20 世纪 40 年代，科学家又发现一类碱金属卤化物晶体也具有类似的性质，比如掺杂铊（Tl）的碘化钠（NaI）、碘化铯（CsI）等。这类晶体因为掺杂激活剂，会产生一些“多余”的电子或者空穴，在受到外来高能粒子碰撞时会吸收部分能量（这个过程叫作“**能量沉积**”），自身发生电离和激发，然后在极短时间内跃迁回到基态，并以光子的形式释放出这部分能量。这部分光通常落在紫外—可见光波段，能够被肉眼或者仪器探测到。因为整个过程极为短促，所以被称为“闪烁光”。

然而碱金属卤化物有个缺点，就是很容易吸收环境中的水蒸气（就像食盐容易结块一样），发生潮解，影响闪烁体的性能。1973 年，美国科学家韦伯（M. J. Weber）发现 BGO 晶体是一种性能优良的闪烁体，并且在空气中稳定，力学性能也好，因而后来在 X 射线断层成像（也就是我们熟悉的 CT）、正电子发射断层成像（PET）等核医学场合，以及粒子物理和核物理领域都得到了广泛的应用。

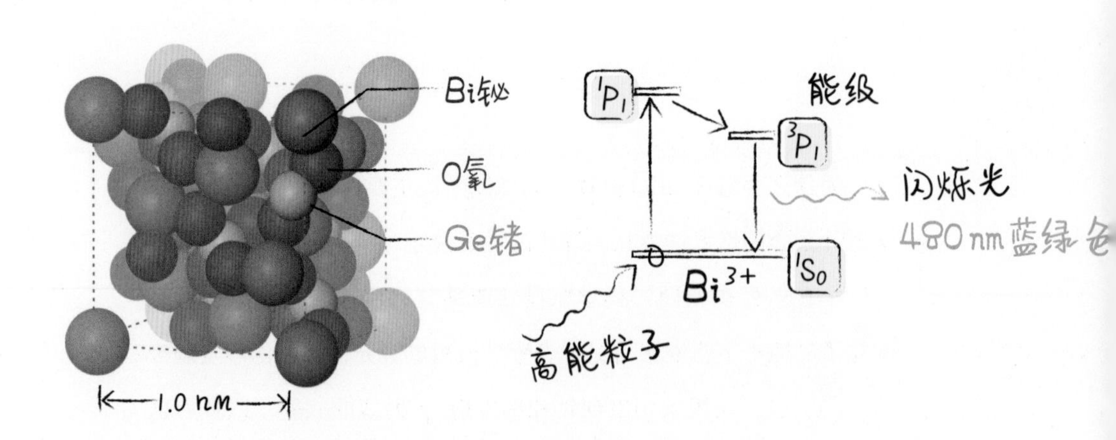


* 高能粒子入射 BGO 晶体后，
电子会发生跃迁而产生闪烁光

BGO 晶体为无色透明的立方晶体，其中的 $Bi^{3+}$ 离子受高能粒子激发，会产生波长为 480 nm 的蓝绿色荧光。这个波长的荧光与光电倍增管能够很好地适配，所以 BGO 非常适合用来制造高能粒子探测器。

制作 BGO 量能器最关键的步骤是制备出巨大的 BGO 单晶，这是一个世界级的难题。所谓“单晶”，就是一种近乎完美的晶体，其内部的原子排布完全呈现周期性的有序排列，几乎没有无规则的杂质和晶体缺陷。因为晶体里一旦有了杂质或者缺陷，就会令闪烁光产生很大的偏离和衰减，甚至引入不该有的错误信号，所以科学家们对高能粒子探测器所需的大尺寸单晶的质量要求到了非常严苛的地步。然而，中国科学院上海硅酸盐研究所完美地解决了这道难题。

中国科学院上海硅酸盐研究所的科研工作者一直致力于 BGO 晶体生长的研究。为了配合空间科学先导专项，他们开展了超长 BGO 单晶技术攻关工作，并在 2011 年首次制备出了长达 600 mm 的“巨大”BGO 单晶，创下了世界纪录（此前纪录仅为 400 mm），更实现了量产。正是因为我们具备这手绝活，“悟空号”的 BGO 量能器不必

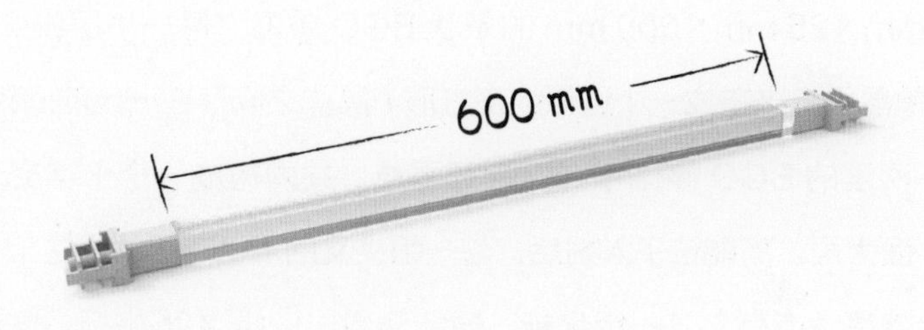


* 长达 600 mm 的无色透明 BGO 棒

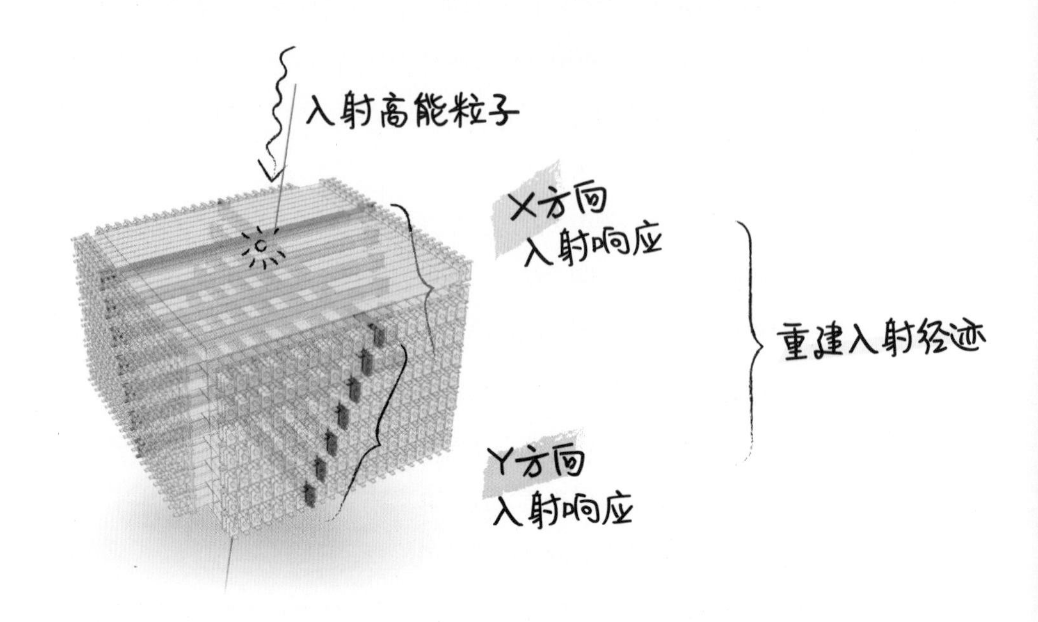


＊ BGO 量能器被高能粒子“点亮”

再用两根 300 mm 的 BGO 晶体拼接在一起，而是直接采用一根完美的 600 mm 单晶，从而极大地提升了探测器的效率和准确程度。

在“悟空号”的 BGO 量能器中，我们一共安装了 308 根尺寸为 25 mm × 25 mm × 600 mm 的条状 BGO 单晶。每一小层由 22 根 BGO 单晶平行排布成一个近似的正方形（晶体之间存在一定的间距），而上下两层的 BGO 棒排布方向相互垂直，共同构成一个十字交叉的 X-Y 平面大层。高能粒子入射后，与一组交叉的 BGO 晶体发生相互作用，也就是“点亮”了一组坐标，便能测量出一组 X-Y 坐标。像这样垂直排布的 7 大层（14 小层）BGO，构成了 BGO 量能器的核心三维阵列。

那么问题来了：平时我们“看”一个东西，无论是通过人眼还是相机，都是把图像投影在一个平面上——比如视网膜、胶卷或者感光元件——那为什么我们用来“看”高能粒子的 BGO 量能器不用一个平面来接收信号，而是要把闪烁体堆叠成一个大方块呢？这是因为高能粒子会发生“簇射”的现象。

不管是强子（如质子、中子或者较重的核素）还是电子、γ 光子，在与物质（比如闪烁体）发生相互作用的时候，所携带的能量会损失一部分（还记得前面提到过的“能量沉积”吧），而这部分能量会使物质产生一些游离的粒子。如果高能粒子入射的物质比较厚，这些游离的粒子会与接下来遇到的物质继续发生相互作用，如雪崩一般发展下去。这种现象如果是由电子或者 γ 射线引发的，就叫作**电磁簇射**；如果是由强子（比如质子）引发的，就叫作**强子簇射**。还记得第一章那张“悟空

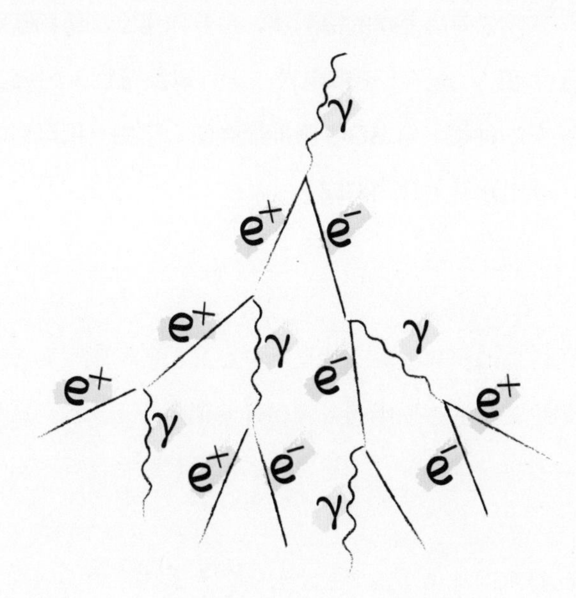


* 电磁簇射过程示意图

号”绘制的入射事件统计图吗？正因为强子簇射和电磁簇射在三维空间中横向展开和纵向发展规律有所不同，二者在图上记录的位置会有明显差异，所以我们才能通过量能器来区分入射的高能粒子是强子（如质子）还是电子。

BGO 量能器被设计成由 BGO 棒堆叠成的大方块，就是为了充分利用簇射过程提供的信息。粒子入射后，除了本身的直线径迹，还会因为簇射而产生新的树状径迹，也就是会在 BGO 量能器中从上到下一层层地“点亮”一个个十字交叉点。这些十字交叉点就是粒子簇射全过程的三维空间记录。根据不同粒子簇射形态的具体差异，我们就能鉴别入射粒子的种类，比如说从电子能谱中剔除高能质子事件的影响。

### 塑闪阵列探测器（PSD）

**塑闪阵列探测器**（Plastic Scintillator Detector，简称 **PSD**）是位于“悟空号”有效载荷最上端的探测器，主要作用是测量和鉴别高能电子（带电粒子）和 $\gamma$ 光子（不带电粒子），以及鉴别入射高能重离子（$Z = 1 \sim 20$）的种类。与 BGO 量能器类似，它由一组塑料闪烁体和光电倍增管（读出元件）共同构成。

用于闪烁体的塑料，其实就是通常意义上的树脂类高分子聚合物，与我们平时生活中使用的各种各样的塑料并无二致，遇到高能粒子并不会发生“闪烁”。真正发光的，是溶解在这些塑料里的有机闪烁物质。

常见的有机闪烁物质主要是小分子的芳香化合物，包括稠合的苯环（如萘、蒽）和联苯的衍生物等。这些分子的结构里大多包含苯环构成的平面，这种平面的上下两边会分布着游离的电子（称为离域 $\pi$ 电子）。这些电子很容易受到外来能量的激发，跃迁到较高能级状态，然后在极短的时间内回到基态，并发出荧光。这就是这一类小分子化合物“闪烁”的原理。

这些小分子化合物的发光过程通常直接发生在分子内部，而基本不会受其聚集形态的影响——也就是说，这些分子无论是凝结成晶体，还是溶解在溶液里，或者分散在固态的塑料等基质里，都能发挥闪烁体的作用。因此我们可以利用这些有机小分子与塑料相溶性较好的特点，将之制成固体形态的“塑料闪烁体”。它和普通的塑料一样便于加工，可以制成所需的各种形状和大小，还拥有性能稳定、机械强度高、耐震动、耐冲击、耐潮湿等优点，特别是对辐照耐受度高，响应灵敏。这些都是 BGO 晶体等无机闪烁体所不及的。但塑料闪烁体也有缺点，就是对入射粒子的能量分辨能力差，不适用于精密能谱的测量。因此，塑料闪烁体和 BGO 闪烁体可以起到很好的互补作用。

另外还有一个问题不得不考虑：有机闪烁体分子被激发时，其吸收的光子与回到基态时发射的光子能量通常相差不多。这意味着，一个分子产生的闪烁荧光，可能会被周围其他分子再次吸收，从而影响发光的效率。这时候，我们就需要在其中加入一些“波长位移剂”——它们能吸收闪烁发出的全部荧光（波长通常约 300 ~ 400 nm），然后发出波长更长的荧光（通常约 420 ~ 480 nm），这样就不会再与入射的能量发生“冲突”。与此同时，加入波长位移剂后发出的荧光波长与光电倍增管的响应特性更加适配，还能减少塑料基质对荧光的吸收（也就是让塑料变得更“透明”，从而更容易被荧光穿透），可谓一举多得。

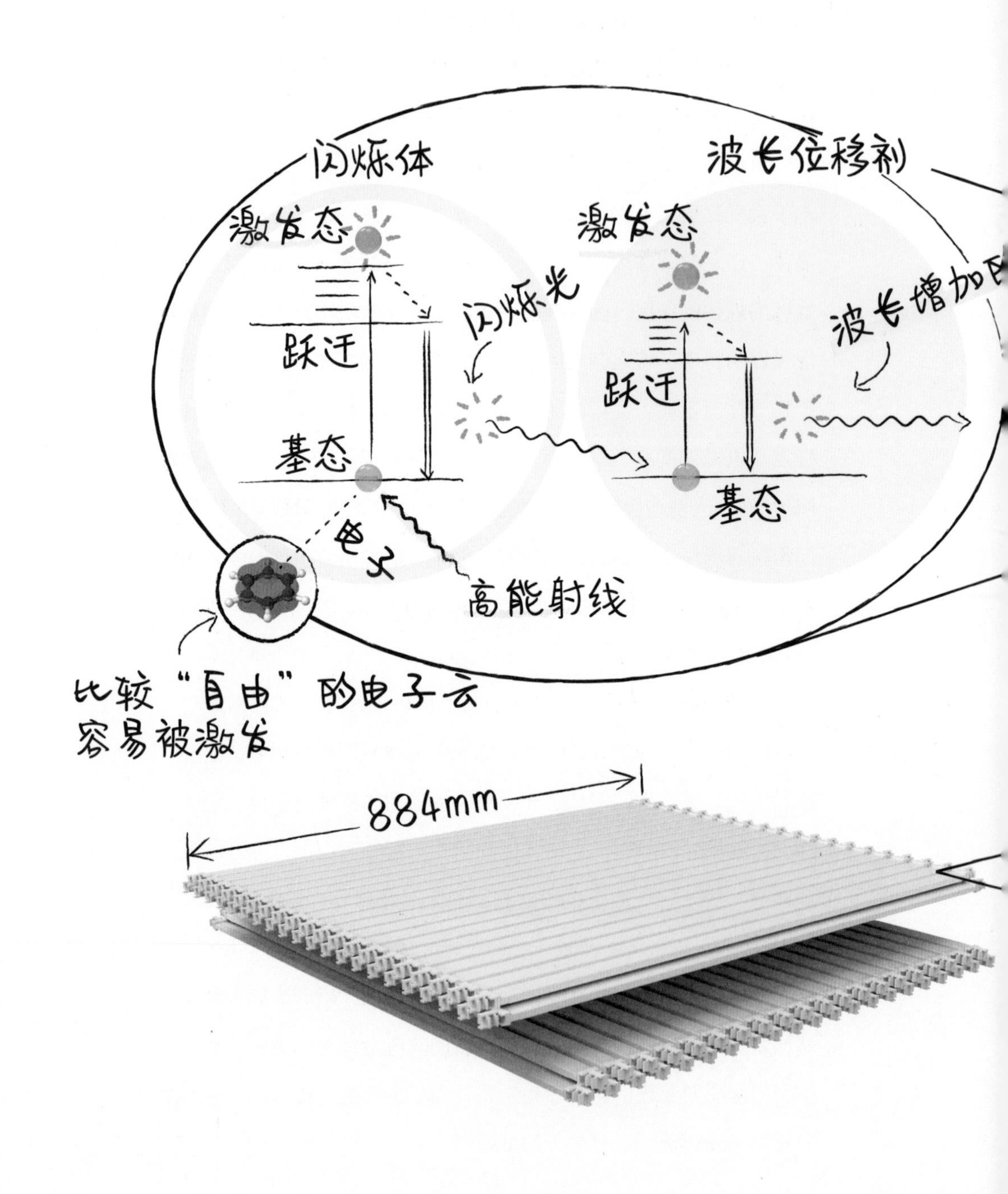


* 有机闪烁物质的工作原理

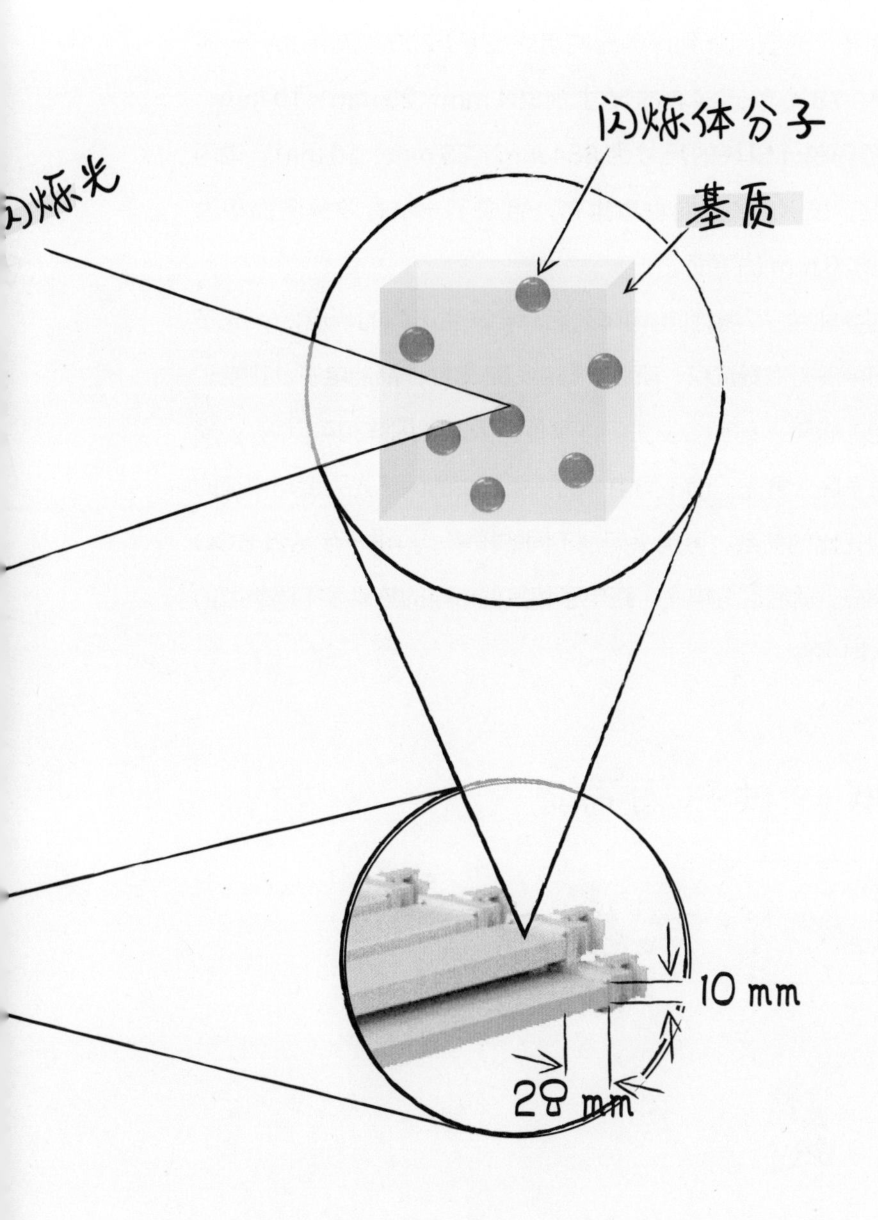
闪烁体分子
闪烁光
基质
10 mm
28 mm

“塑料闪烁体”，顾名思义，与 BGO 等无机闪烁体不同，属于有机的、以塑料为基质的闪烁体。

“悟空号”的塑闪阵列探测器使用的是 EJ-200 型塑闪条，一共 82 条。其中 78 个单元模块的尺寸为 884 mm × 28 mm × 10 mm，另外 4 个塑闪单元模块的尺寸为 884 mm × 25 mm × 10 mm。塑闪条分成两层，按 X、Y 方向垂直排布，组成了一个有效探测面积为 820 mm × 820 mm 的平面。

不同的高能粒子入射到塑闪阵列后，会产生不同的响应：γ 光子在塑闪阵列中没有能量沉积，所以不产生闪烁事件；高能电子、正电子或其他带电的核素入射后会发生闪烁事件。因此塑闪阵列可以将 γ 光子和带电粒子区分开来，而不同电荷的核素产生的闪烁光强度与电荷的平方呈近似正比的关系，可用来识别不同的核素。再进一步结合 BGO 量能器的响应，就能区分电子、正电子和其他带电的核素等不同类型的高能粒子入射事件。

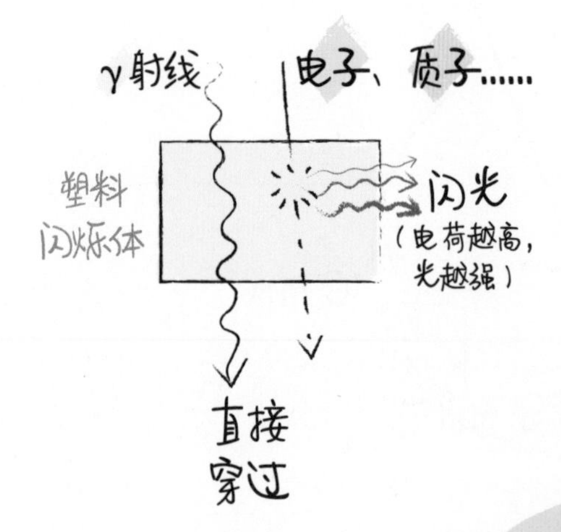


＊不同粒子入射到塑闪阵列后
会有不同的响应

### 中子探测器（NUD）

位于“悟空号”有效载荷最底端的设备是一台**中子探测器**（Neutron Detector，简称 NUD）。它的探测介质也是塑料闪烁体，但其功能和形态与塑闪阵列探测器有很大的区别。

* * *

前面提到，高能粒子在与一定厚度的物质发生作用时会产生级联簇射。当宇宙射线中的强子（主要是质子）与 BGO 量能器发生相互作用时，会发生强子簇射，产生大量次级高能中子，而宇宙射线中的高能电子或者 γ 射线与 BGO 量能器作用后，发生的主要是电磁簇射，产生的中子数目很少。因此，我们在底层放置一台中子探测器，通过判断其中有没有出现中子撞击后的能量沉积，就能进一步区分穿过 BGO 的高能粒子是质子还是电子，与 BGO 量能器配合起来提高粒子鉴别能力。

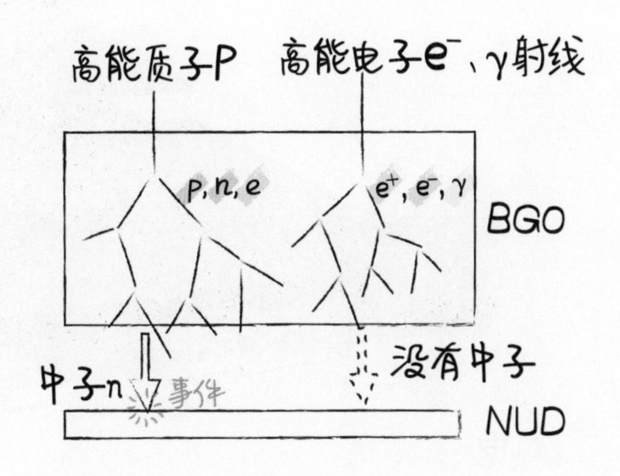


* 中子探测器的工作原理

“悟空号”的中子探测器采用的探测介质是BC-454型塑料闪烁体。中子探测器的探测平面是一个尺寸为 693 mm × 693 mm 的正方形，用 4 块厚 10 mm 的 300 mm × 300 mm 正方形塑料闪烁体拼接而成。探测平面的四个角被切去，用以放置光电倍增管，构成了一个完整的探测平面。

BC-454 型塑料闪烁体掺杂了质量分数为 5% 的天然硼（B）元素。在硼元素的各种同位素中，有一种天然丰度占 19.9% 的同位素硼 -10（$^{10}B$）有吸收中子的特性，能够俘获中子发生核反应并释放

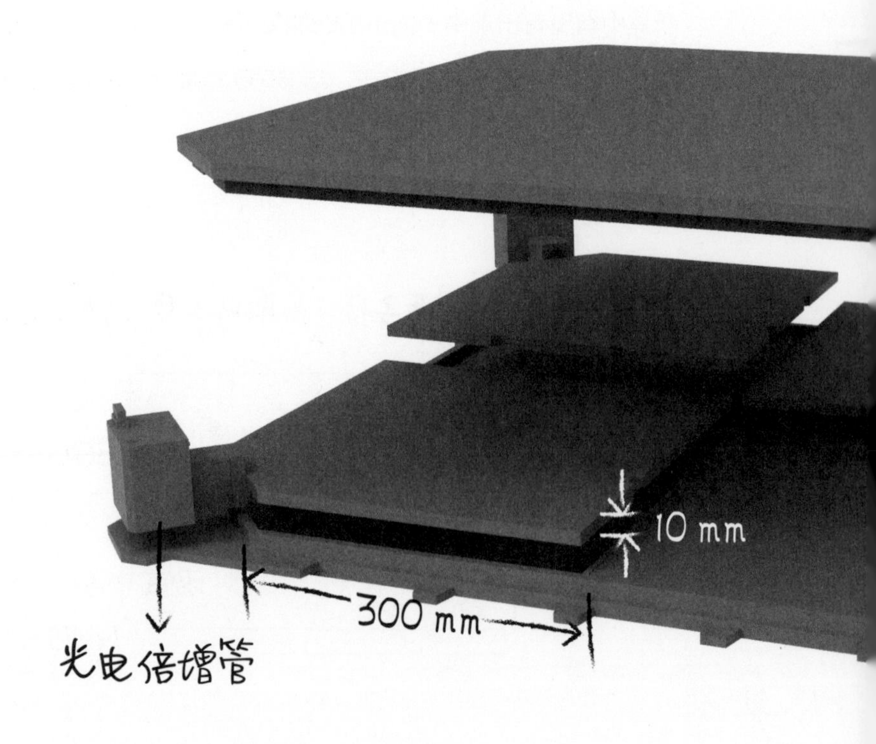


* 中子探测器的结构

出 α 粒子（$^{10}B + n \rightarrow ^{7}Li + \alpha$），是一种被广泛使用的中子俘获剂。“悟空号”的中子探测器，就是利用硼 -10 的中子俘获反应来探测低能中子。另外一方面，高能中子入射后则可以通对质子的弹性散射来进行探测。

这些由强子簇射产生的次级中子信号，能够进一步补充和验证 BGO 量能器测量得到的簇射三维图像信息。依靠中子探测器与 BGO 量能器的相互配合，“悟空号”就能够实现对电子 / 质子的鉴别率超过 $10^5$ 的设计目标。

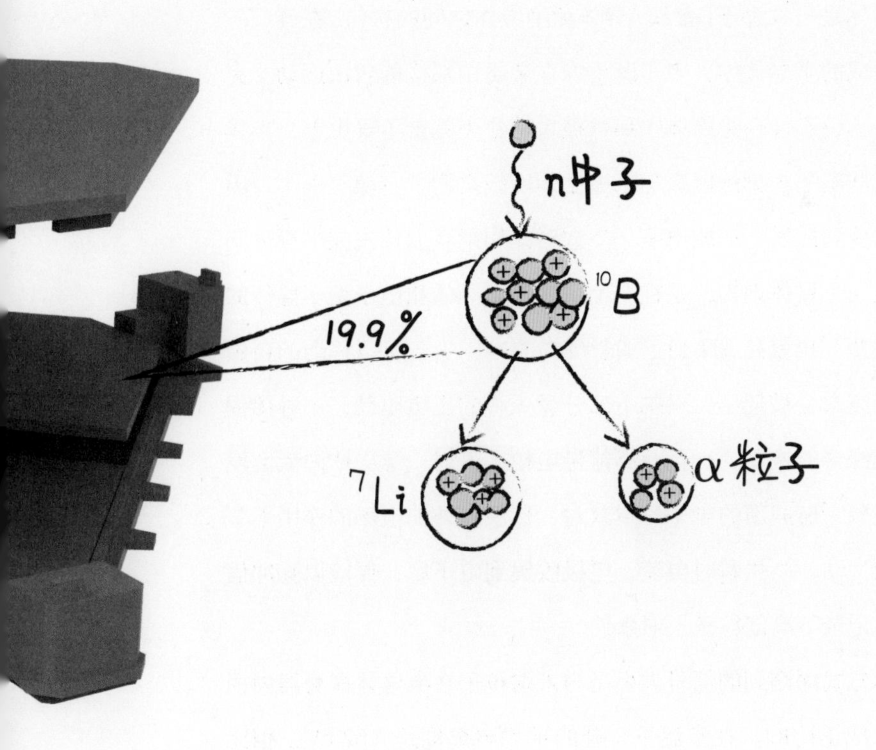

### 硅阵列探测器（STK）

**硅阵列探测器**（又叫“硅—钨径迹探测器”，Silicon-Tungsten Tracker，简称 STK）是“悟空号”有效载荷中唯一的半导体探测器，位于“三明治”的第二层，也就是塑闪阵列与 BGO 量能器之间。其主要任务是测量入射粒子的方向，也可以用来测量粒子电荷，以进一步鉴别高能电子、$\gamma$ 光子和高能核素（$Z = 1 \sim 26$）。

半导体探测器与闪烁体探测器不同，不借助光电倍增管的二次转换，就能把高能粒子的入射事件转化为电脉冲信号。这是什么原理呢?

半导体是一种介于（金属）导体和绝缘体之间的材料。在硅（Si）等材料制成的半导体中，电子既不像在金属中那样能自由运动（完全导电），也不像在绝缘体中那样被束缚住（完全不导电）。半导体中的这些电子占据的能级与未占据的能级之间“空隙”很小，因而很容易受到激发，形成电子—空穴对。如果我们预先在半导体两端加上电压（具体地说，是在一个空穴型半导体和电子型半导体的交界面两侧，也就是 PN 结上加载反向的电压），可以移动的自由电子或者空穴会被耗尽，只剩下部分受束缚的正负电荷，半导体便表现为绝缘体的性质。一旦有高能带电粒子入射，半导体内就会发生电离现象，形成新的电子—空穴对，然后在外加电场的作用下分别向两极运动，产生瞬时电流。电极收集到电子后，便能以脉冲信号的形式记录下高能粒子入射事件。

这种方式探测到的信号大小是与入射粒子在半导体探测器内损失的能量成正比的。在室温下，硅的平均电离能是 3.62 eV，相比于其他电离材料（如过去常用于探测高能粒子的气体电离室）来说

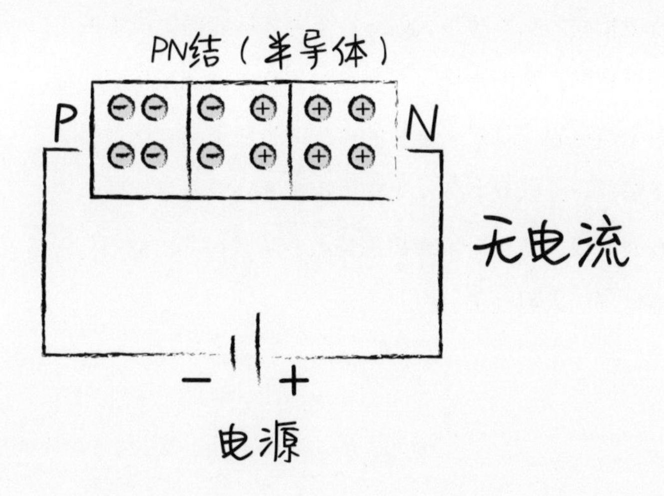


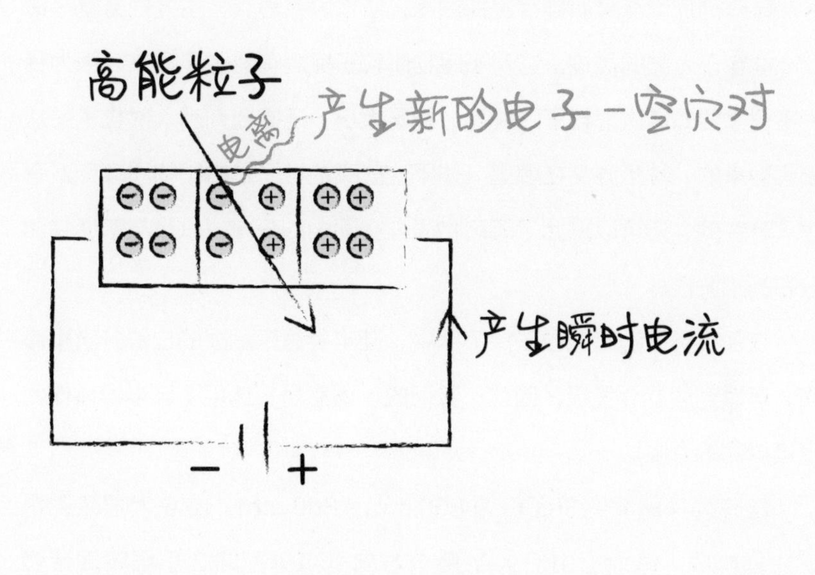


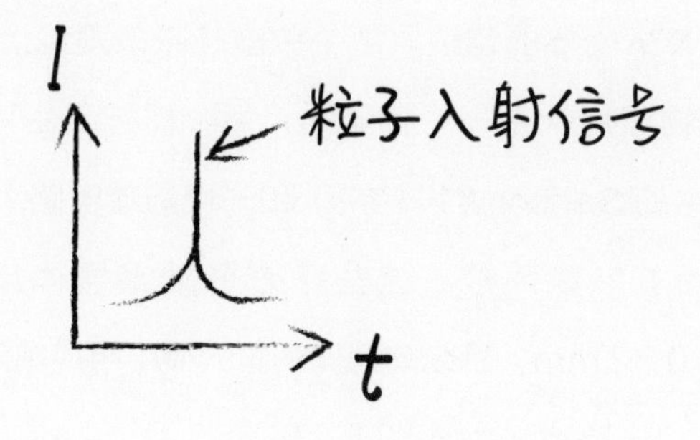


＊半导体探测器的工作原理

低了不少，所以相同的高能粒子入射，在半导体探测器里产生的电子—空穴对数目更多。换而言之，在半导体探测器内沉积相同的能量产生的瞬时电流更强，其对于能量的分辨率也就更高。这是半导体探测器的优势之一。除此之外，半导体探测器还有能量线性响应好、脉冲上升时间快、位置分辨率高等特点，所以在“悟空号”中用于测量高能粒子的入射径迹。

硅阵列探测器又叫硅径迹探测器，所以顾名思义，主要任务就是探测高能粒子入射的径迹。这对于暗物质粒子探测有着重要意义。因为我们不仅需要知道入射粒子的种类、能量大小，还需要判断入射粒子是从哪里射来的，粒子源又在哪里。如果这些高能粒子是由暗物质衰变或者湮灭产生的，还可以据此了解暗物质在空间中的分布，以及与普通物质分布的相关性。

在各种类型的高能粒子探测器中，硅半导体探测器的位置分辨率最高，可以到达 μm 量级。因此，我们的“悟空号”选用了硅半导体作为径迹探测的介质。

硅阵列探测器的总面积为 800 mm × 800 mm，由 6 大层硅微条探测器构成。每大层由沿 X-Y 两个方向垂直排列的 2 小层单面硅微条组成，以实现空间 X-Y 坐标的定位。每个单面硅微条里包含了 16 个梯架（右边这张实物照片就是一个梯架），每个梯架又由 4 块小正方形硅半导体（图中的 Sensor #1 ~ #4）和一枚前端电路（FEE, Front-end electronics）串联而成。这些正方形硅半导体尺寸为 95 mm × 95 mm，厚 0.32 mm，是硅阵列探测器的最小组成单元。

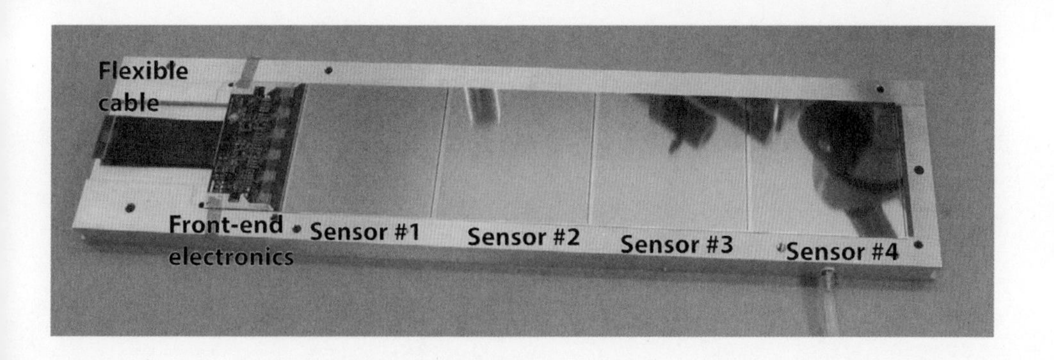


* 构成单面硅微条的 16 个梯架中的一个

* 硅阵列探测器结构图

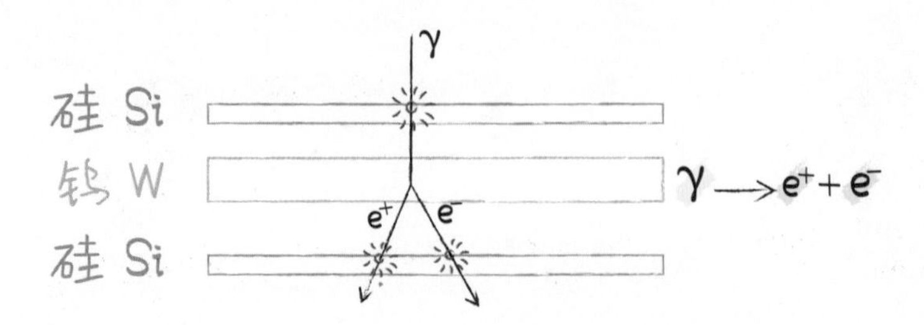


＊巧妙排列的钨板和硅条实现了对 γ 光子的探测

为实现对高能 γ 射线的测量，特别是区分 γ 光子和带电粒子，硅阵列探测器中还穿插了金属钨（W）制成的隔板。电灯泡的灯丝就用钨制成，因为它具有熔点高的特性。但在硅阵列探测器中，钨发挥的是另一种作用：γ 光子进入钨板后，会发生光子变成电子－正电子对（这叫作“电子对产生”）的现象——即正反物质湮灭产生光子的逆过程。这些电子进一步在钨板中发生簇射，级联产生更多电子，进入下面各层的硅微条后就能转换为电信号被探测到。

因此，“悟空号”的硅阵列探测器采取了这样的布置方式：第一大层硅微条探测器的顶部不布置钨板，而在第 1、2 层，第 2、3 层与第 3、4 层之间各放置了 1 mm 厚的钨板。这样一方面能让硅微条的阵列记录下高能粒子穿过每层的入射点信息，重建高能粒子入射的径迹；另一方面，根据高能粒子穿过钨板后是否产生电子对信号，就能区分 γ 光子和带电粒子。由于每一层硅微条都能记录带电宇宙射线粒子所产生的电信号，其强度与宇宙射线核素的电荷平方成正比，所以硅阵列探测器不仅能测量宇宙射线、γ 射线轨迹，还能区分宇宙射线核素。

### 探测器模块的布置

前面我们把“悟空号”的有效载荷比作一个“三明治”，而这个三明治的每一层如何摆放也是有讲究的。探测器的排布顺序会极大地影响各自的工作效率——这也是“悟空号”设计的难点之一。设计得好，仪器之间可以互相补充，甚至实现双重验证的协同效果；设计得不好，仪器之间就会互相干扰，谁都发挥不了最佳的作用。

比如，同样用塑料闪烁体作为探测介质，塑闪阵列排布在有效载荷的最顶层，因为它与外来高能粒子的相互作用相对较弱，而中子探测器则选用添加了硼元素的塑闪体，排布在有效载荷最底层，因为它的作用就是承接来自上方仪器的中子，特别是 BGO 晶体里的强子簇射产生的中子。虽然中子探测器对 γ 射线也敏感，但由于上方的探测器（主要

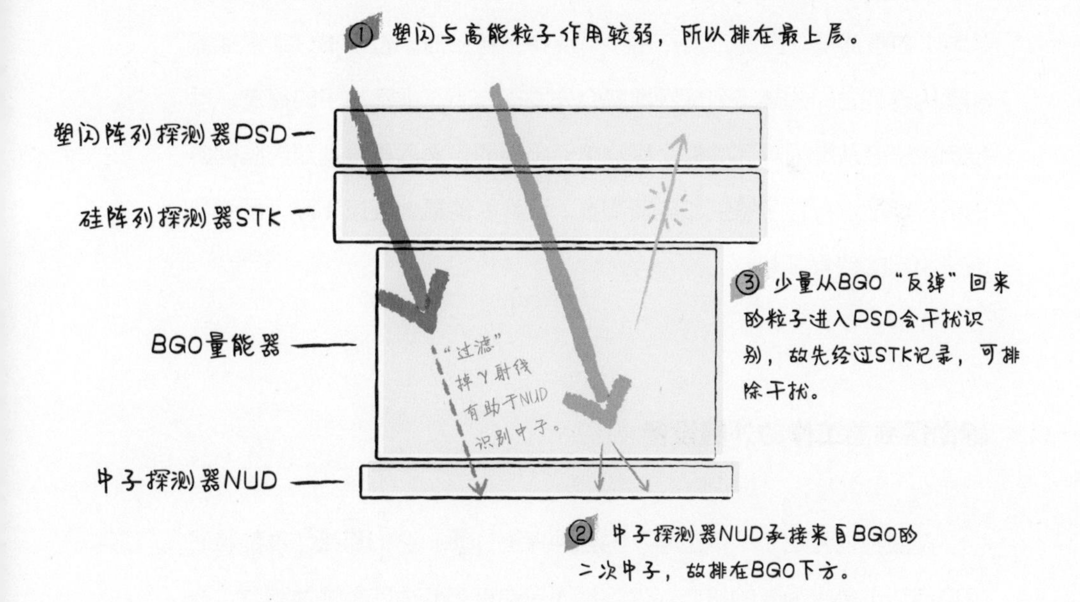

① 塑闪与高能粒子作用较弱，所以排在最上层。
塑闪阵列探测器PSD
硅阵列探测器STK
BGO量能器
中子探测器NUD
“过滤”掉γ射线有助于NUD识别中子。
③ 少量从BGO“反弹”回来的粒子进入PSD会干扰识别，故先经过STK记录，可排除干扰。
② 中子探测器NUD承接来自BGO的二次中子，故排在BGO下方。

＊“悟空号”搭载的四种探测器是如何协同工作的

是 BGO）已经把 γ 射线基本“消耗”光了，到达中子探测器的中子能量远大于 γ 射线能量，所以不会影响中子探测。

再比如，硅阵列探测器的位置和厚度也是需要费一番心思的。因为半导体的密度比较大，带电粒子穿过半导体时，在内部会发生多次散射。如果带电粒子本身能量不够高，半导体介质又比较厚的话，粒子就会在介质内发生多次散射甚至大角度偏转，不利于粒子的径迹测量；如果半导体介质的厚度太薄，虽然可以减弱散射，但探测效率又会降低。

这种情况在 BGO 量能器里也会发生。入射粒子在 BGO 量能器里发生强子簇射或电磁簇射时，大部分粒子都是向下运动的，但也有少部分次级粒子会发生大角度散射“反弹”回来（又称“返照”），从下方入射塑闪阵列探测器，并产生能量沉积的信号。这种“反弹”信号可能会造成入射 γ 光子被误判为带电粒子，或者 $Z = 1$ 的质子被误判为 $Z > 1$ 的重离子。因此，当产生了“反弹”粒子时，位于 BGO 量能器和塑闪阵列之间的硅阵列探测器就会先发挥作用，重建粒子的径迹，反推出粒子是从塑闪阵列的哪个探测单元出现的，然后再根据塑闪阵列里的沉积能量进行粒子鉴别和电荷测量。这样就能最大程度剔除“反弹”粒子引起的信号误判。

## 辅助探测器工作的外围设备

前面我们介绍了“悟空号”的四种探测介质，它们直接与高能粒子打交道，也是探测器的核心部件。然而只有探测介质的探测器就是“光杆司令”，什么也做不了。所以探测器还需要“左膀右臂”的辅助。例如，探测介质产生的光电信号要依靠连接在探测介质上的前端电路来读取；闪烁探测器产生的光信号要转化为电信号，还需要光电转换元件。最后别忘了，这些电路的运行全都离不开稳定的供电设备支持。

除这四种探测器之外，卫星还有一部分设备承担数据获取和状态监测功能，叫作**载荷数管**。它与探测器共同组成了卫星的有效载荷。载荷数管可分为**载荷数据处理器**和**载荷管理器**两部分，分别负责各个探测器的科学数据获取，以及探测器遥测状态的收集与监测。（关于载荷数管的具体工作模式和流程，将在第 5 章中详细介绍。）

载荷数管、探测器的前端电路、光电转换元件以及供电设备这些外围模块，虽然不直接与高能粒子打交道，但都是有效载荷中不可或缺的组成部分。最后，这些探测器还配备有机械支撑功能模块，为探测器内部各个组件提供稳固的机械支撑，减缓火箭升空过程中的机械冲击和力学振动，保护内部脆弱的部件不受损伤。

## 从光信号到电信号的转换

BGO 晶体、塑闪阵列等都是闪烁探测器。入射高能粒子在它们内部产生闪烁后，所产生的光信号要如何记录下来呢？这就需要使用感光设备将闪烁光转化为电信号。光电倍增管（PMT，Photomultiplier）就是最常用的光子探测器件。

光电倍增管之所以能“倍增”信号，靠的是高压产生的电场。卫星的电源是 28 V 低压直流电，所以系统中需要设置专门的高压供电机箱，加压到 100 ~ 1000 V，才能提供光电倍增管正常工作所需的电压。

供电箱除了为光电倍增管供电外，还为前端电路供电。因为卫星的电源也无法直接用于前端电路，所以要用供电机箱把卫星的电源进行转换后，再给前端电路供电。为了方便电连接，卫星平台上共设置了四台供电机箱，分布在探测器的四周，负责各个方向（+X/+Y/-X/-Y 4 个方向）的供电。

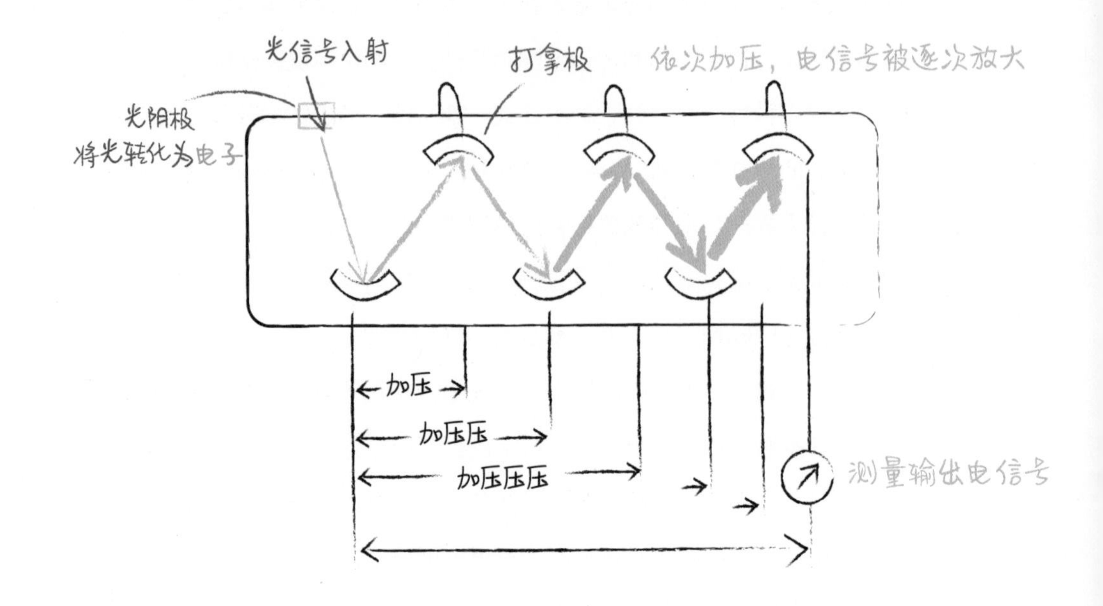


＊光电倍增管原理示意图

光电倍增管的基本原理就是大家熟知的光电效应。光入射光电倍增管后，首先到达一个叫作“光阴极”的地方。这里会将光子吸收掉并发射出电子（因而这种电子被称作“光电子”）。光电子在电场的作用下被加速，轰击打拿极（dynode 的半音译，又叫“倍增极”），产生二次电子发射，发射出的电子再被电场加速，继续产生更多的发射电子……在这个过程中，发射电子越来越多，电信号被不断放大，最后到达阳极并产生电流或电压的输出信号。

## 大动态范围读出方案的设计与实现

在“悟空号”的探测器中，与探测介质直接相连的电路称为“前端电路”，负责采集光电探测器的模拟及数字化信号，并在打包后发送给数据获取系统。例如，硅阵列探测器中，前端电路由硅半导体电信号的读出板和数据读出控制模块构成；中子探测器中，前端电路由中子处理板构成；BGO 量能器和塑闪阵列探测器中，前端电路则直接与光电倍增管相连接，读取“倍增”后的电信号。

前端电路读取探测介质的信号，这个过程看起来简单，实际上“大有门道”。你还是否记得，第 1 章里我们介绍过，“悟空号”的高能粒子测量范围覆盖从 5 GeV 到 100 TeV，能量相差可达数万倍，在探测介质中产生的信号强度也有天壤之别。如何兼顾这些信号，又能准确测量其数值呢？这就是探测器的“动态范围”问题。

要想理解“动态范围”的概念，可以先回想一下我们熟悉的相机拍照过程：相机在光线充足的地方拍照，需要减少一些光圈的通光量，缩短曝光时间，而在黑暗处拍照，则需要加大光圈通光量，延长曝光时间。不然的话，就很容易出现“过曝”或者“欠曝”的现象，让照片一团白或一团黑。

高能粒子探测器也存在这样的问题。如果仪器的读出设备只为低能粒子设计，那稍高能一些的粒子入射后就会溢出读出范围，从而无法记录其真实能量大小，叫作“抹平”；反之，如果仪器读出能量范围设计得过高，那么低能粒子入射后的信号就会被淹没在噪声里，无法被识别出来。

这是科学家在研制“悟空号”时一再遇到的“烧脑”难题：不像相机可以轻松地调节各种参数，“悟空号”所接收到的粒子能量是完全随机的，无法为每一个高能粒子单独调控入射的“光圈”，也没法改变“曝光时间”，只能在探测器的读出设备上想办法。我国的科学家与工程师联手攻克了这个难题，也成为“悟空号”设计上的又一处关键创新：**BGO 晶体大动态范围读出方案**。

***

为此，研发组提出了两种实现思路。

第一种方法，是采用“多打拿极读出”。前面提到的光电倍增管中，二次电子的发射是随着打拿极的个数增加而不断被放大：如果信号过

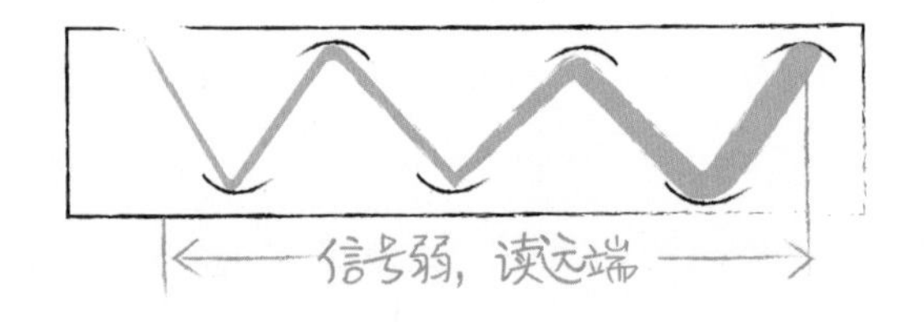


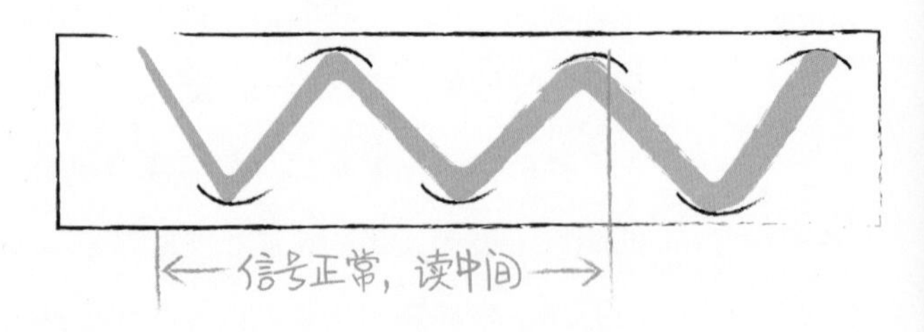


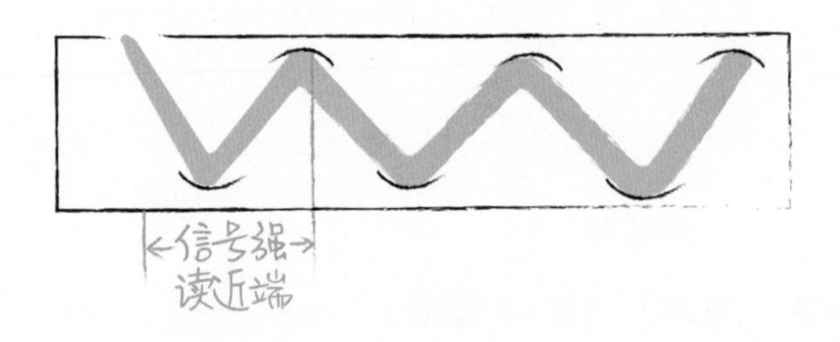


* 光电倍增管的多打拿极读出

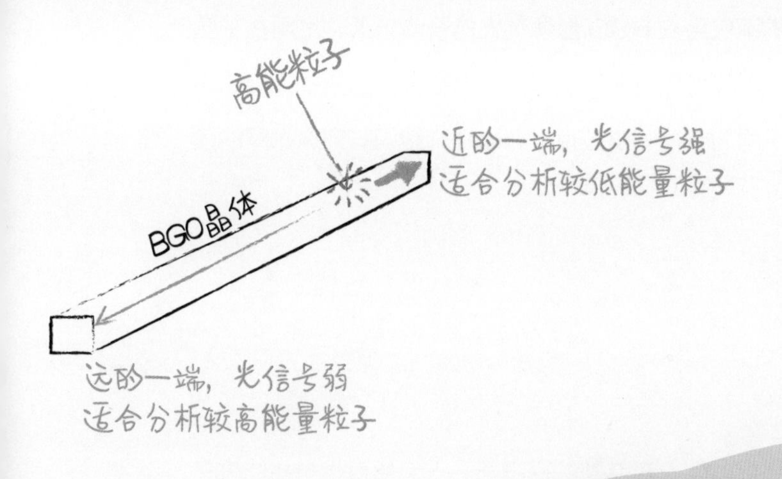


＊ BGO 晶体的双端读出

强，我们不需要太多打拿极就能读出可靠结果；如果信号太弱，就需要更多的打拿极来放大信号。所以在同一个光电倍增管里，只要同时读取多个打拿极的信号（如第 2、5、8 个打拿极），就能同时得到强弱不同的信号，再辨别各个信号强度哪个属于合理区间，从而找出信噪比最高的读数。

第二种方法，叫作“双端读出”设计。BGO 晶体长达 600 mm，当其中发生闪烁事件时，只要轰击点不在正中间，那么两端接收到的荧光强弱就可能是不对称的。既然有信号强弱的不对称，那么就总会有一个更适合高能的区间和一个更适合低能的区间。二者形成互补，就能进一步扩大接收 BGO 晶体荧光信号的动态范围。因此科学家在 BGO 晶体的两端各安装了一套光电倍增管和前端电路。采取双端读出设计，不仅可以起到扩大动态范围的作用，还能让两边的信号互为备份，从而大幅提高系统的稳定性和可靠性。

当然，这些技术不仅用在 BGO 晶体荧光信号读出上，也用在了塑闪阵列探测器里。塑闪阵列探测器采用了双打拿极读出的方式，两个通道的信号被输出到不同的电荷测量芯片中，以提高塑闪阵列探测器的读出动态范围。

## 探测器的标定

现在，我们已经拥有了一套完整的探测器——包括直接与高能粒子“短兵相接”的探测介质（闪烁体、硅半导体），以及读出探测介质数据的数据获取和监测系统。现在，我们就能够真刀真枪地用这台探测器“迎接”高能粒子的到来了！

然而你有没有想过，当读出的电信号强度数据交到你手里时，你怎么知道这个信号强度代表哪种粒子，代表多高的能量，或代表从哪个方向入射呢？最直接的方法，就是用已知种类、强度和方向的高能粒子进行入射测试，并记录其输出信号。当测试的覆盖范围足够广后，科学家就能对信号进行“翻译”。同时，科学家还能借这个测试的机会对探测器的各项指标进行验证。这个过程，就叫作探测器的**标定**。

标定的过程，覆盖了探测器所有部件方方面面的性能，比如闪烁体介质的荧光强度测试、光电倍增管的信号转换测试，还有硅阵列探测器的径迹重建测试等等。

***

在标定的过程中，我们也遇到了大动态范围的难题。比如，BGO 量能器要探测的粒子能量高达 10 TeV，而用地面的加速器很难直接制造出这样的高能粒子供光电倍增管标定，而且真的这么干，测试的成本也太高。于是，科研人员设计了一套光强可控的人工 LED 光源来模拟 BGO 晶体产生的闪烁荧光，然后通过光纤将 LED 荧光输出给光电倍增管模拟光脉冲测试，动态范围覆盖了光电倍增管的 2、5、8 三个打拿极输出的动态范围，满足了 BGO 量能器的标定检测需求。

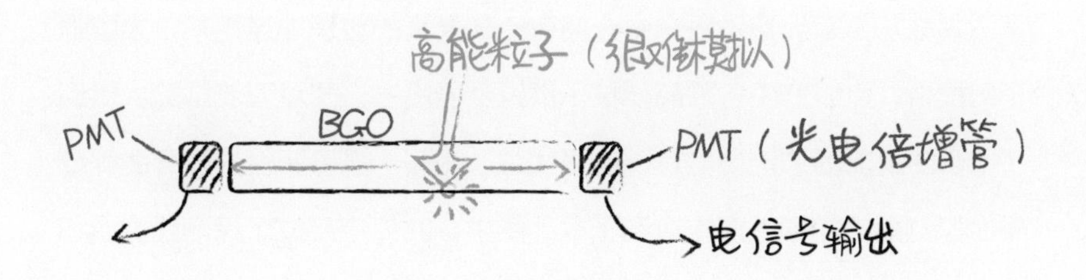


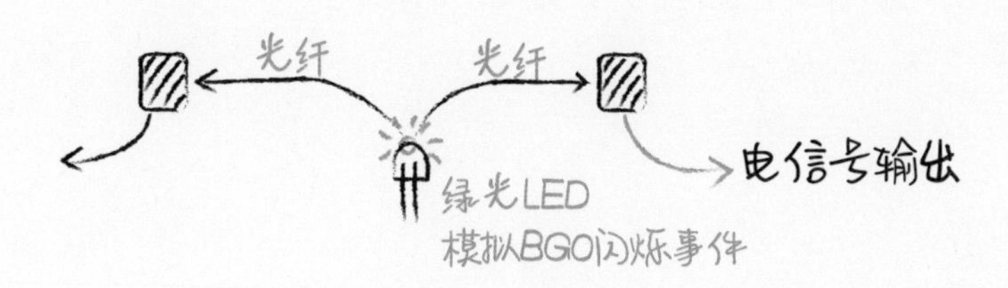


＊用 LED 光源模拟闪烁事件

除了实际测试之外，模拟试验也是一项重要的任务。比如在硅阵列探测器中，我们要收集每一根硅微条的输出信号，根据电荷分配的差异推断出高能粒子击中硅微条的位置。对于单根硅微条而言，位置精度可以达到 50 μm。整个硅阵列探测器里，共有多达 73 728 路输出信号，还要考虑能量损失、多重散射等复杂因素，因此构建一个具备足够精度的数学模型来描述粒子轨迹是一件非常困难的事情，而通过收到的信号来反推粒子入射轨迹更难上加难。因此，我们采取了模拟数据测试的方法，利用程序随机生成不同种类、能量和入射角度的高能粒子事件，然后比较根据输出信号重建的粒子径迹（相当于“测量值”）与已知原始数据（相当于“真值”），通过检查拟合的误差来修正数学模型，再去除伪点和伪径迹，以达到最佳的轨迹重建效果。

2012 年 10 月，“悟空号”的方案阶段样机探测器载荷被送往位于瑞士日内瓦的欧洲核子研究中心，进行了为期一周的第一次束流测试。此后的几年中，针对卫星载荷的鉴定件又展开了多次束流测试，都取得了圆满成功。欧洲核子研究中心拥有全球最大的粒子加速器——大型强子对撞机，可以产生各种高能粒子供探测器测试。经过束流试验，得到了 BGO 量能器的能量分辨、能量线性、电子 / 强子簇射的区分图等结果，探测器的各项性能均达到了设计要求，此外还完成了探测器能量和线性刻度的定标。这也是中国第一次将自行研制的大型仪器运送到欧洲核子研究中心进行束流试验，为此类国际合作开了一个好头。

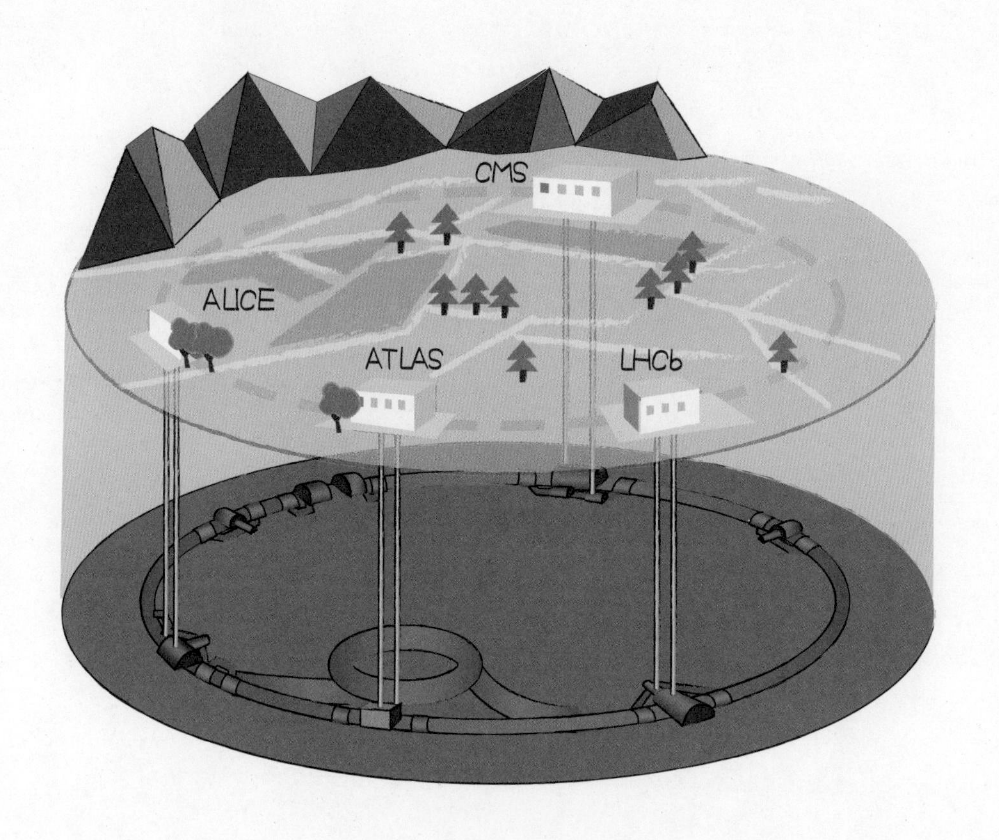


* 大型强子对撞机的大圆环结构

探测器
重量
BGO
STK
NUD
PSD
数量
幂律
理论预测值
低分辨率，无法判断是否异常
偏离规律
可能存在异常
能量
入射事件
区分
空间来源
探测器
γ射线
电子，质子，……
闪光
直接穿过
PN结（半导体）
P
N
无电流
电源
高能粒子
电离
产生新的电子-空穴对
产生瞬时电流
高能粒子
近的一端，光信号强，
适合分析较低能量粒子
BGO晶体
远的一端，光信号弱
适合分析较高能量粒子
高能质子p+
高能电子e-、γ射线
中子n
事件
没有中子
光纤
硅 Si
钨 W
硅 Si
γ→e⁺+e⁻
投影
高能粒子
DAMPE
事件
能量
数量
种类
方位→来源
能谱
实测
异常值
旧理论
星系
距离
速度
26.8% 暗物质
4.9% 普通物质
68.3% 暗能量
对撞
WIMP
(LHC)
反冲
速度
星系中心

# CHAPTER 4 “悟空号”的卫星平台研发与在轨运行

我们现在已经了解了“悟空号”的有效载荷——粒子探测器部分。然而粒子探测器无法独立在太空中工作，它需要各种辅助其工作的“基础设施”，包括结构、姿轨控、星务、总体电路及综测、热控、测控通信、数传等等。上述设备也许不那么抢眼，但作为“幕后英雄”，它们的默默奉献同样重要。为了让这些系统帮助探测器发挥最大效能，我们的工程师在卫星平台的设计上也没少下功夫，完成了多项具有突破性的技术攻关，让这颗卫星亮点频出！

## 以载荷为中心的结构一体化设计

我国在卫星研发方面已经积累了丰富的经验，形成了谱系化的卫星平台产品，足以胜任大多数航天任务。但暗物质粒子探测器还是为我们的卫星研发带来了很多新的难题与新的挑战。比如说，以往的卫星平台与载荷一般是采取分开设计的思路，有助于提高生产效率和平台普适性。然而暗物质粒子探测器的载荷总质量在 1.4 吨，如果按照以往的平台—载荷分离设计思路，整颗卫星的质量将超过 3 吨，制造和发射成本都将大幅增加。

因此，我们的科学家与工程师相互配合，在设计“悟空号”的结构时，便结合卫星总体方案及探测器载荷各自的特点，采取了**以载荷为**

**中心的结构一体化设计**。这也是“悟空号”在卫星系统设计中最大的亮点。

## 整星结构设计

“悟空号”的整星质量达 1850 kg。其中，卫星平台的质量只有 440 kg，剩下 1410 kg 都是有效载荷。如何用最轻的“筐”装下最重的“货”是卫星设计面临的关键技术难题之一，也就是通过合理的构型与布局设计实现大的载荷平台比。因此，我们在“悟空号”的构型设计

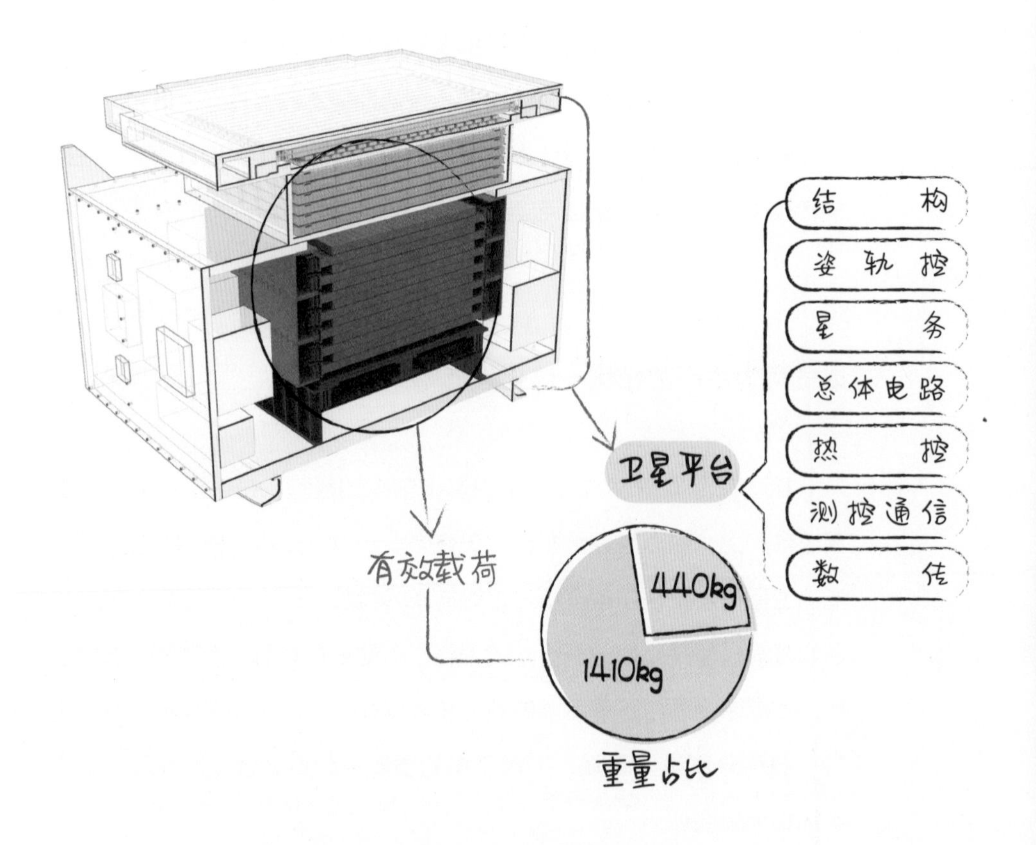


＊有效载荷－卫星平台一体化的设计

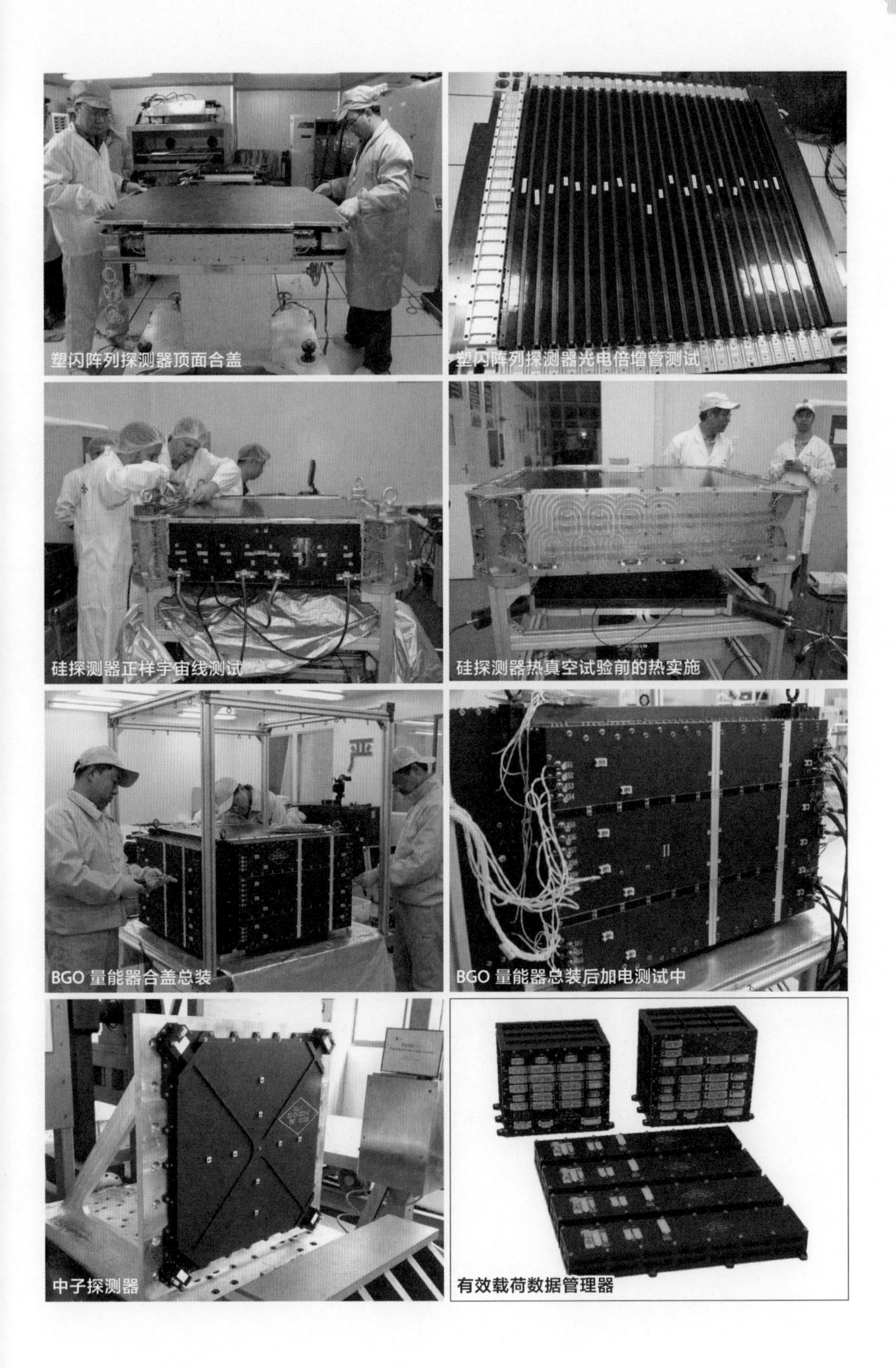

塑闪阵列探测器顶面合盖

塑闪阵列探测器光电倍增管测试

硅探测器正样宇宙线测试

硅探测器热真空试验前的热实施

BGO 量能器合盖总装

BGO 量能器总装后加电测试中

中子探测器

有效载荷数据管理器

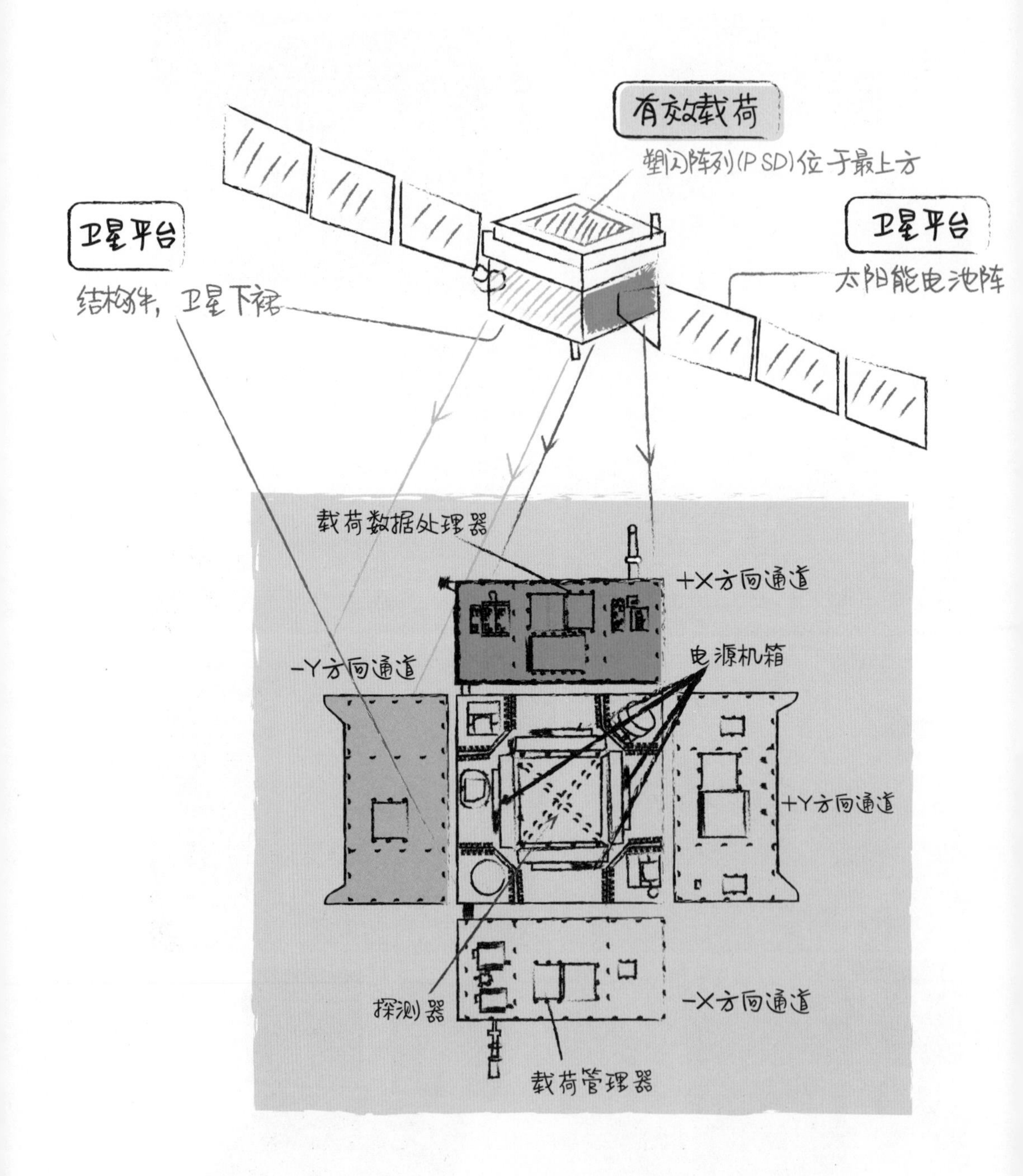
有效载荷
塑闪阵列(PSD)位于最上方
卫星平台
结构件，卫星下裙
卫星平台
太阳能电池阵
载荷数据处理器
+X方向通道
电源机箱
-Y方向通道
+Y方向通道
探测器
-X方向通道
载荷管理器

* “悟空号” 整星结构示意图

中，采用了有效载荷－卫星平台一体化的设计方案。这种方案不同于传统的卫星设计，极大地提高了卫星的功能密度，有效降低了卫星质量、体积以及发射成本。

“悟空号”整星外形为方形。探测器位于整星的中心——中子探测器和 BGO 量能器布置在星体内部；二者之上是硅阵列探测器；最上层则是塑闪阵列探测器，布置在卫星对天面的外部，以满足探测器的观测需求。探测器外围电子学单机与其他单机安装在探测器四周的侧板和底板上。

卫星的结构还包括下面三个部分：

① 结构件：用于承受和传递整星载荷，为卫星及相关分系统提供支撑、刚度并保持尺寸稳定性，为星上仪器设备的安装提供机械接口，为星上相关仪器设备提供保护；

② 卫星下裙：用于支撑卫星星体，为卫星地面停放、转运等提供机械接口，也为卫星与运载火箭连接提供机械接口；

③ 太阳能电池阵结构与机构：作为太阳能电池电路的结构载体，为太阳能电池电路提供足够强度和刚度的支撑表面，保证太阳能电池电路在卫星发射阶段及在轨运行期间的可靠支撑和固定，确保太阳能电池电路不损坏。

卫星在发射前，需要将太阳能电池阵（即太阳翼）折叠起来，装进火箭顶端的整流罩里。整流罩的圆柱直径就决定了折叠后的卫星俯视图外接圆的最大尺寸。这个外接圆又叫作卫星的**包络**。“悟空号”折叠后包络直径为 2.9 m，已经尽力将空间利用最大化。卫星上的星敏感器是通过观测恒星来确认卫星姿态的设备。

最后，卫星的结构设计还有一个难关需要克服——卫星的**振动频率**。

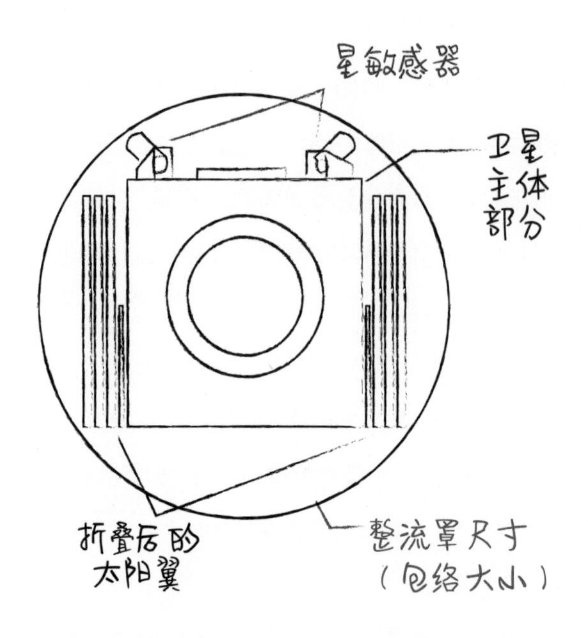


＊整流罩里的卫星

我们知道，所有的物体都有一个固有的振动频率。如果外界对物体施加一个相同频率振荡的驱动力，物体就会发生**共振**，振动幅度会因为叠加而变得越来越大，甚至对结构产生破坏性的作用。物体的固有频率里，最低的那个频率叫作基频，由物体的形状和质量分布所决定。运载火箭在发射时，难免产生强烈的机械振动，而卫星的基频如果恰好与火箭振动频率一致，就会发生共振，轻则损坏仪器设备，重则影响星箭整体的动力学性能。因此运载系统通常要求卫星的基频不低于某个值，以错开火箭的振动频率。

“悟空号”的运载系统任务要求卫星的横向振动基频大于 15 Hz，纵向振动基频大于 50 Hz。影响振动频率的关键在于卫星里的“重量级选手”——BGO 量能器，它是“悟空号”有效载荷中最重的部分，占据了卫星 50% 的质量，其基频的变化决定了整个卫星的基频。因此科学家在设计 BGO 量能器时，需要估算和分析量能器的基频。在卫星给定的力学环境下，通过有限元分析（一种用有限数量的未知量来模拟真实情况的方法）仿真，设计出的 BGO 量能器一阶模态频率（也就是最容易出现共振的频率）高于卫星设计要求的 70 Hz，实际测试时也满足了设计指标要求。

### 电设计

前面提到，“悟空号”的探测元件是一个个密布的阵列，且每一个元件还可能产生多路信号。这些信号都需要独立的电子学通道输出，以便进一步处理。“悟空号”总共包含了近 80 000 路电子学通道。其中塑闪阵列有 328 路电子学通道，硅阵列探测器有 73 728 路电子学通道，BGO 量能器有 1848 路电子学通道，中子探测器有 4 路电子学通道。硅阵列探测器的通道数为什么会这么多？还记得第 3 章里说过它的分辨率高达 1 μm 量级吧，超高分辨率的“后果”就是输出信号的线路数也会大幅增加。“悟空号”也是目前我国的探索探测器中，电子学通道最多的一个。

如何把这些电子学通道（也就是一条条线路）排布得规整且互不干扰，从而提高探测器的可靠性及精度，让工程师们操碎了心。卫星所搭载的 4 种探测器的输出信号均为弱信号，因此在进行卫星系统设计时，还需要对探测器的多路弱信号采取一些抗干扰措施，以免这些弱信号被卫星供电、控制等其他无关电流所影响，或者互相之间产生干扰。同时还要考虑到太空中的高能粒子没有“射中”探测介质，而是打到了弱信号线路上，也会造成信号的污染。

然而抗干扰措施本身也可能影响观测。对于其他类型的卫星，我们可以用金属外壳屏蔽干扰，也就是将设备关进“小黑屋”以抵御外来干扰。但我们的“悟空号”本来就是为了观测高能粒子而生，躲进小黑屋还能观测到什么呢？因此“悟空号”不能像其他卫星一样采用厚厚的金属外壳完全封闭，只能进行有限的电磁屏蔽，而整星的电磁兼容设计更直接关系到探测器能否顺利探测到弱信号。具体来说，“悟空号”有以下两方面的设计：

① 采取合理的屏蔽以及接地等措施，提高弱信号的抗干扰能力。卫星设计时，要求各探测器的屏蔽壳体具有良好的密封性，壳体接缝处需要采取特殊设计以防止空间电磁辐射进入。由于多路弱信号的存在，系统的接地是设计重点，稍有不慎，干扰信号就有可能从地线引入。在接地的设计中，工程师针对探测器采取了“就近接地”的原则，将弱信号产生与弱信号处理元件进行就近接地，再与整星进行接地。这样卫星平台的干扰信号就不会进入弱信号处理部分，可提高信号抗干扰性能。

② 在设计卫星系统时，采取多种方法降低卫星对探测器的干扰。通过对以往情况的分析，科学家发现卫星系统中会影响探测器弱信号的因素主要来源于几处，并采取相应的措施降低干扰：

● 探测器的供电纹波。探测器的供电来源于载荷配电器。因此在卫星设计时将配电器就近分别布置于探测器下方连接面板的 4 个面上，从而提高效率以及抗干扰性；同时设计配电器内部电路时尽量减少不规则的电流变化，将供电纹波“过滤”掉。

● 卫星系统中，动量轮（通过旋转来改变卫星朝向的一组轮子）以及电源控制器具有较大的工作电流，这些电流也会影响探测器的弱信号。因此在设计卫星的布局时，尽量让这些设备远离探测器，并对其线缆进行屏蔽，以降低对探测器的影响。

● 中子探测器的 4 路信号未采取就近采样措施，而是传输到有效载荷数据管理器中进行采样处理。因此针对该线缆采取了专门屏蔽措施以提高其抗干扰性。

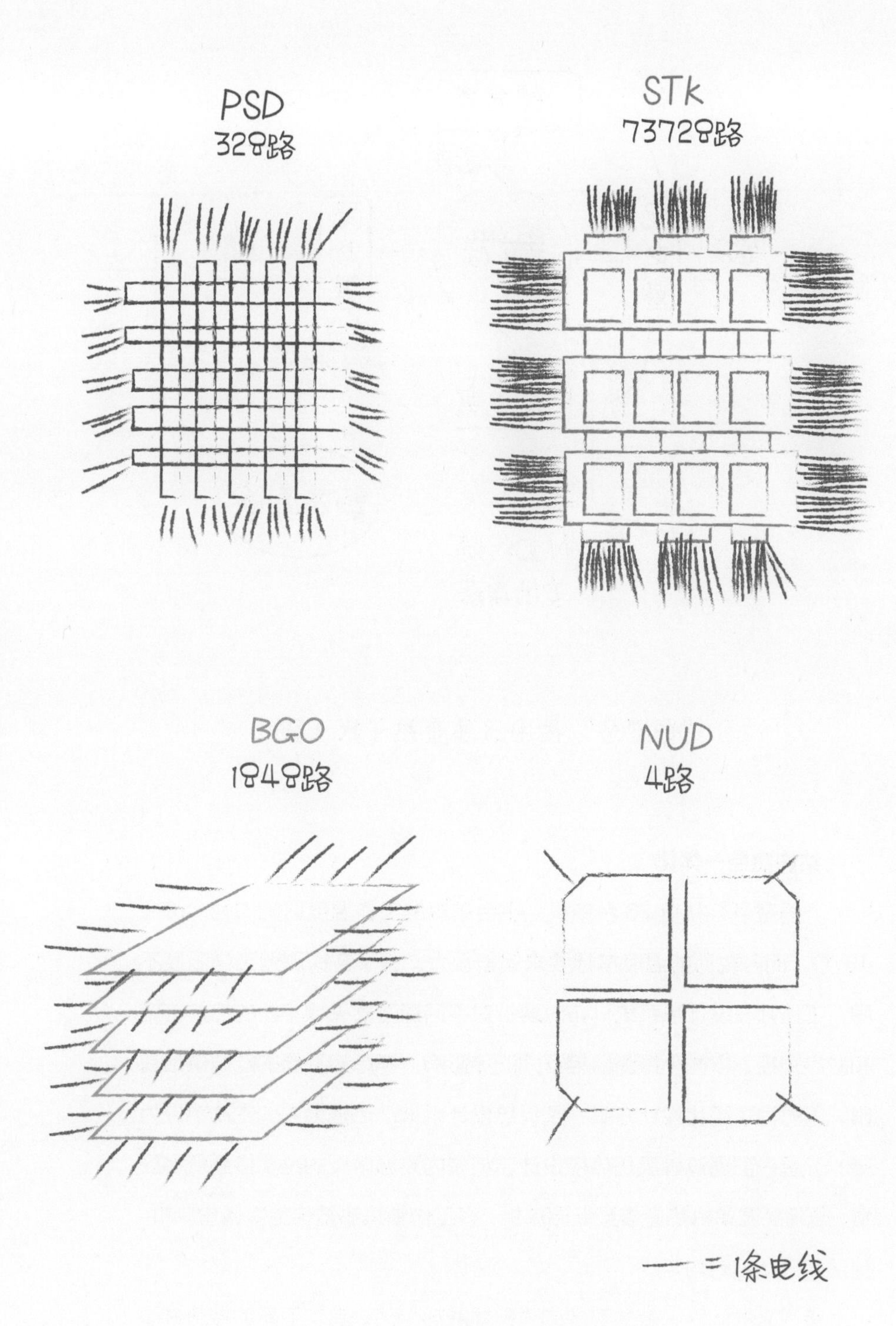
PSD
328路
STK
73728路
BGO
1848路
NUD
4路
— = 1条电线

*探测器上的电子学通道

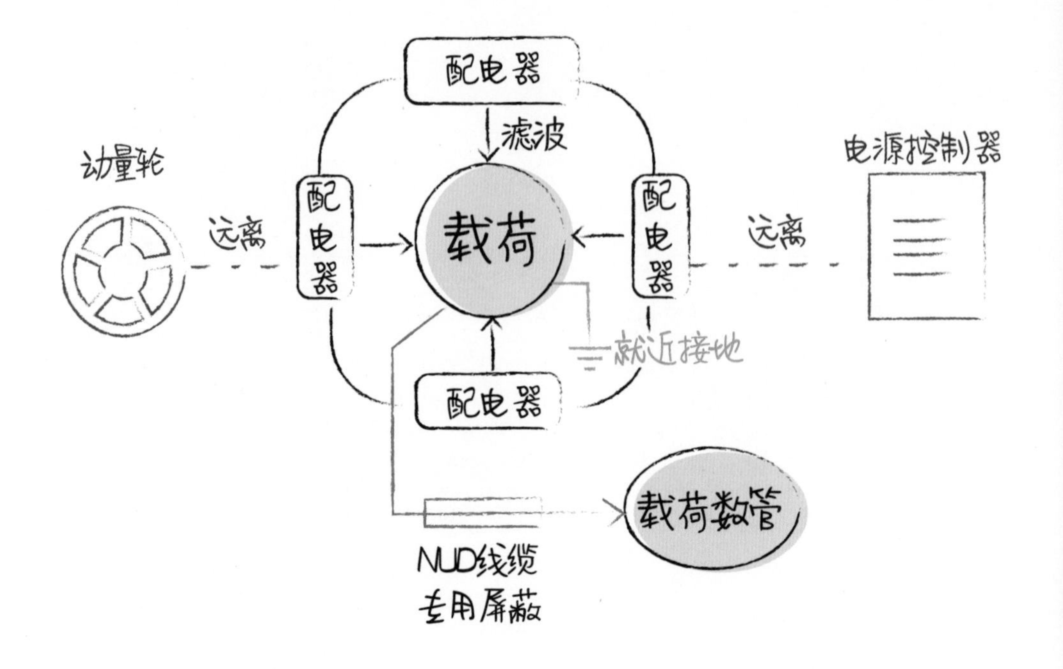


＊“悟空号”采用了多重抗干扰手段

## 结构热控一体化

“悟空号”共有 76 台单机。平台单机的工作温度区间约为－10 ~ 45 ℃，而各载荷的温度指标要求偏差很大。鉴于各探测器工作温度不同，工程师在设计热系统排布时要针对不同探测器采取不同的热控措施和散热路径，以减小探测器相互间的热影响。考虑到卫星的能源供给有限，同时为了简化设计方案，整星热设计以被动热控为主，主动热控为辅。卫星内部通过等温化热控设计，将星内高温区域的热量传到低温区域，或将高温单机热量传至低温单机，将工作单机热量传给冷备份单机，使温度分布相对均匀。

接下来的问题，就是卫星的“整星散热”了。其实卫星的散热并没有想象中那么容易。

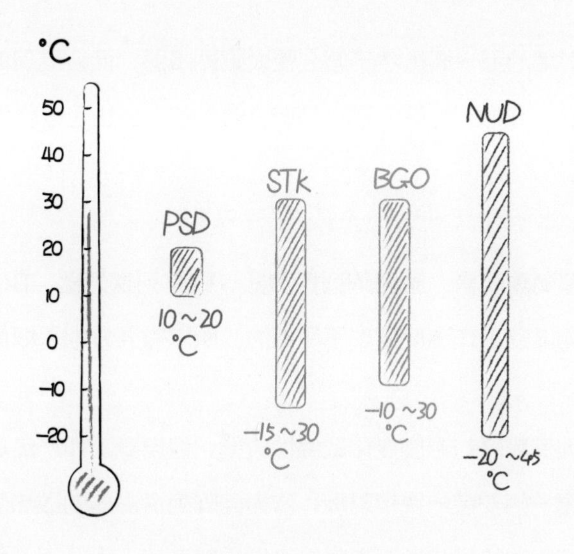


＊各探测器工作温度区间

我们知道，热量传递有三种方式：传导、对流和辐射。生活中常见的一些散热场景，例如空调外机或者计算机 CPU 散热，都是用热管将热量传到风扇前，然后用风扇把热量“吹”走的。它们利用的是传导和对流这两种方式，把热量散发到空气中。而卫星就大不一样了。卫星处于真空环境中，没有空气来承载热量，也就无法通过传导和对流的方式散热，辐射散热成为唯一的选项，也就是将热量以电磁波（通常是红外线）的形式逸散到空间中。辐射散热的效率完全由散热面材质、温度以及散热面积所决定。

“悟空号”的轨道是晨昏太阳同步轨道（下一节还会具体解释这个轨道的含义）。这意味着卫星有一面始终背向太阳，同时还有两个面会在飞行过程中轮流接受太阳光照射，但照射不太多。因为输入的热流较小且稳定，季节变化也不大，所以这三个侧面可以作为卫星的主要散热面。卫星对地的那一面虽然不怎么受太阳光照射，但会受到地球反射的太阳光照射。考虑到外热流相对稳定，对地的一面也可以作为卫星的辅助散热面。

对于探测器而言，塑闪阵列探测器、硅阵列探测器、BGO 量能器和中子探测器的工作温度要求不尽相同，所以需要分别采取最适合的热控措施。

① 硅阵列探测器对温度变化敏感性较低，但自身工作产热功率较高。因此在卫星一侧安装一块辐射板，作为硅阵列探测器的散热面，通过多根热管将四侧的热量传递至辐射板进行辐射散热。同时用多层隔热组件包覆背面及四周，进行隔热处理。

② 塑闪阵列探测器对温度变化率及温度的均匀性要求比较高，但是自身工作产热功率较低。所以仅在其四周安装外贴热管，并设置一个散热面将热量散出。同时在散热面内表面设置一个可控的主动加热回路，以维持散热面温度稳定，确保探测器整体温度稳定。

③ BGO 量能器是整星中质量占比最大的探测器。虽然 BGO 晶体本身不发热，但前端电路产热较高，所以需要导出热量。我们将前端电路外侧紧贴铝屏蔽板，再通过布置在探测器四周的外贴热管把热量传至辐射板进行散热。但由于 BGO 量能器位于卫星的中心，发热部分不与外部结构相接触，且四周还安装了其他单机设备，散热距离较远，所以我们在其四周布置了 8 根较长的热管，以便将热量导出到卫星外侧的散热板上。同时还在探测器四周喷涂高发射率的黑漆或者进行黑色阳极化处理，以便通过辐射与星体内壁进行辐射换热。另外，为了防止载荷关机时 BGO 量能器及前端电路温度过低，我们还在 BGO 量能器四周与热管连接处附近分别设置一路主动加热器，可以根据 BGO 量能器测温点的温度数据决定是否开启加热。

④ 中子探测器的工作温度范围相对较宽，又位于热环境较为稳定的星

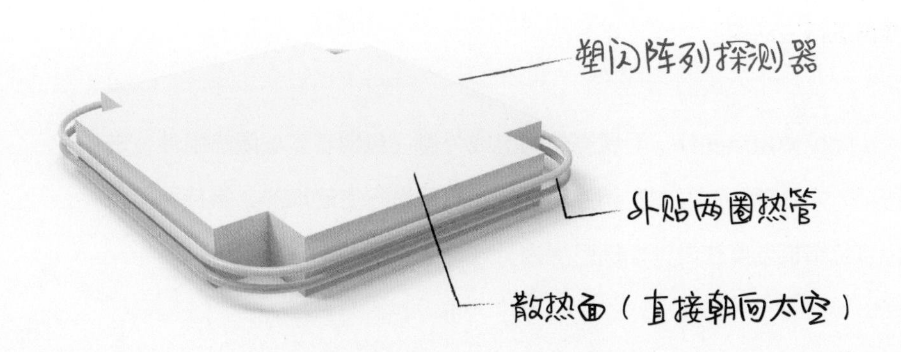


＊塑闪阵列探测器的热设计

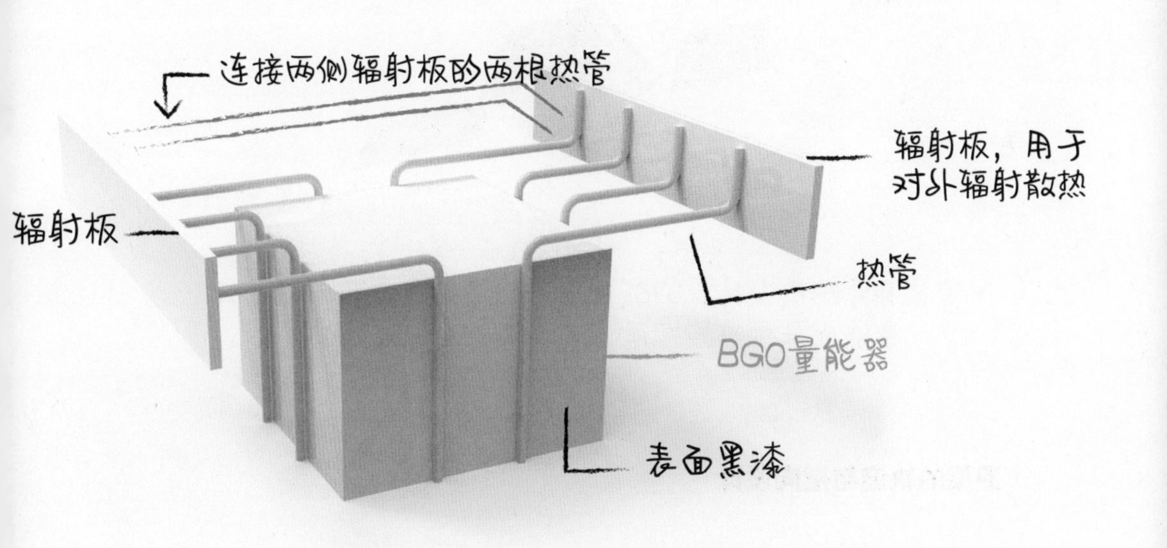


＊ BGO 量能器的热设计

体最中心处，所以我们将之与 BGO 量能器“绑定”在一起进行热设计。中子探测器表面喷涂有黑漆热控涂层，可以与 BGO 共同换热，也不需要再进行主动控温。

除星体散热面外，卫星壳体内侧或外侧还包覆着多层隔热组件，进行星体内外隔热；同时利用主动热控加热器进行主动加热，维持卫星各分系统单机温度在设计指标范围内。

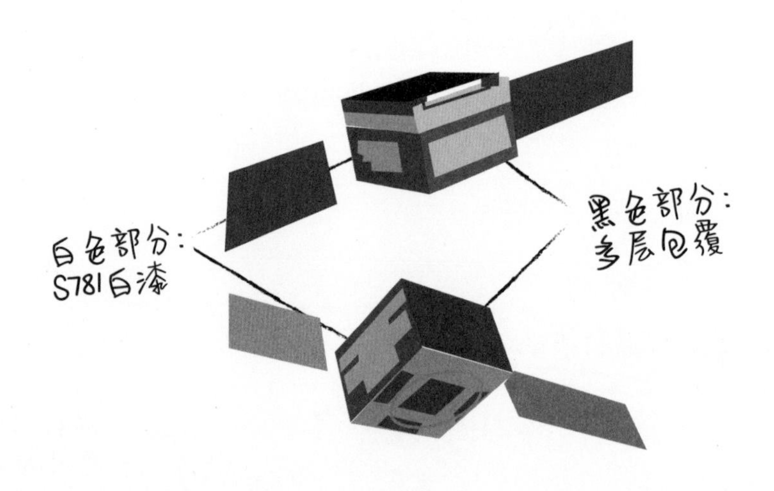


* 卫星壳体的热设计。S781 白漆作为中国自主研制的一种性能优异的热控涂层，其主要成分是氧化锌

## 卫星的轨道与指向设计

作为一颗眺望宇宙苍穹的卫星，除了要安装专门探测各种微观粒子的组合探测器，还有一个关键问题要解决：把如此精密的仪器放到何处才能发挥其最大效用。既然要尽可能多地接收来自宇宙的信号，就应该

到距星空最近的地方，去往大气层之外。科学家之所以如此执着于把各种仪器送入太空，其实有非常实际的原因：大气吸收。

大气层相对于宇宙真空环境来说太稠密了。在银河系里，除了恒星内部，绝大部分都是几近真空的星际空间，物质密度可以低到每立方米几个原子。也就是说，指尖大小的宇宙空间里除了一个原子以外，别的什么都没有，而氢原子的半径不过 0.05 nm。宇宙深处的高能粒子就在这样的高真空环境下一路飞行，几乎不受任何干扰，从诞生的源头穿越无垠的宇宙，径直飞到任何角落，直到撞向某个星体，比如太阳这样的恒星或地球这样的行星。

相比之下，地球表面的大气层无比稠密，每立方厘米都有超过万亿亿个原子、分子。来自宇宙的粒子一旦进入大气层立刻就会碰上某个空气分子，与其电子或者原子核发生相互作用，变成新的粒子，然后不断发生新的相互作用并不断衰变。这种现象称作“空气簇射”。位于大气层里的探测器，只能通过空气簇射，间接探测最初进入大气层的粒子性质，而且精度并不太高。换句话说，大气层的存在让科学家的观测结果早已“面目全非”，并不是关于高能粒子的“一手数据”。

自 1957 年苏联发射人类第一颗人造卫星开始，到半个多世纪后的今天，各国逐渐发展出成熟的火箭发射系统，把各种科学仪器甚至航天员送到数百千米高的太空已非难事。既然大气层阻碍了我们直接探测来自宇宙深处的暗物质粒子，那我们就把探测器送出大气层，成为人造卫星的一员，让它在大气层外探测，然后把数据传回来。长距离无线通信技术如今也已成熟，只要选用特定频段的电磁波谱以及规范化的编码和

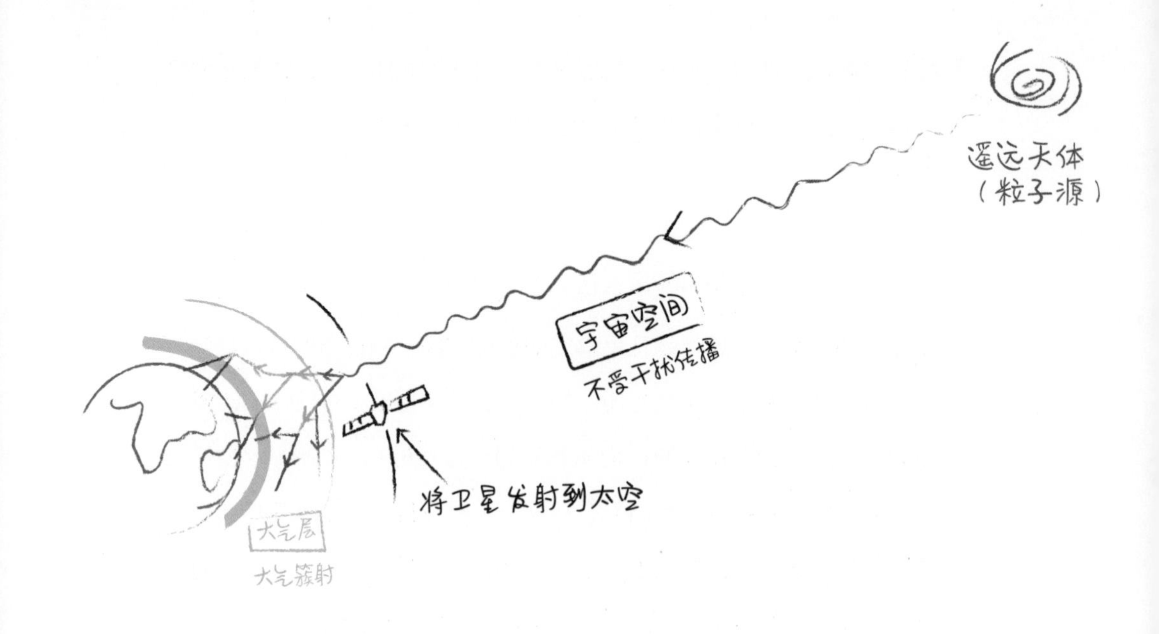


*为了避免大气层的干扰，
探测器最好发射到大气层之外

加密方法，在卫星通过地面接收站上空时，可以轻松实现天地通信和数据传输。关于通信的部分，我们会在第 5 章详细讲述。

另外一个重要的问题是把“悟空号”放在太空中的什么位置。有哪些规律和条件决定卫星的运行轨道呢?

首先还得从牛顿运动定律和万有引力定律说起。地球和行星们围绕太阳公转，月球围绕地球公转，引力主导了天体的运动。因此在地球外不远的地方放一个人造物体，这个物体也必然围绕地球转动，而且运行在一条近似椭圆的轨道上，地球质心则是该椭圆的一个焦点。通常情况下，科学家还会简单地选择接近正圆的轨道，也就是离心率非常接近 0 的轨道。天上每一颗人造卫星都有自己基本

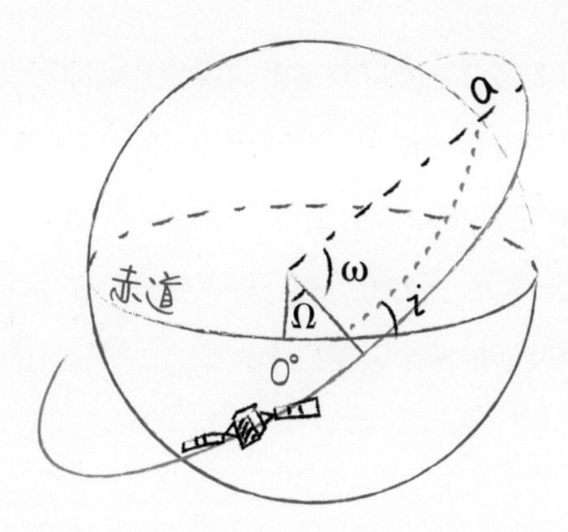


*部分轨道参数示意

固定的轨道。用轨道高度、轨道倾角、轨道面的旋转角（或者叫“升交点赤经”），以及椭圆轨道的离心率（大多接近0）和该椭圆的近心点辐角这几个参数，能够完整描述一颗卫星的轨道。除了少数卫星偶有变轨的需求，大部分卫星都会在自己基本固定的轨道上运行数年甚至更长时间。

那么“悟空号”选择轨道时需要考虑哪些问题呢？

### 供能方式和科学目标

决定卫星轨道最重要的条件是“悟空号”的科学目标——用不超过两年的时间实现全天区“无死角”巡视观测。其次是卫星需要从太阳能获得稳定的能源供给。总结起来就两条：有能源，能巡天。这两个要求，对于以遥感起家的卫星行业来说，可谓非常宽松了。

除了少数自带电池或以核能为动力的卫星，其他卫星的电力都靠太阳能供给。如果不考虑在特定时间观察地面特定地点这样的多维度约束，卫星只需要隔一段时间经过地面接收站传输观测数据即可。巡天更不在话下——一颗卫星只要绕着地球转，向背离地球的方向观察，除了太阳就是不间断的宇宙深空。况且“悟空号”的观测视场有 120°（参考人双眼水平视角约为 150°，120°的视野足够宽广了），只要斜着绕地球转一圈，探测器就能把整个天空扫个大概。

### 轨道进动的影响

那么如何完全满足卫星全天巡视的需求？接下来就涉及一些稍精细的轨道选择了。第一是轨道倾角不能低于 30°，否则 120°的视场角也无法覆盖地轴所指向的南北天极方向。当轨道倾角确定后，仍不足以保证卫星能全天巡视，因为轨道还存在复杂的进动效应。

当我们考虑长时间高精度的轨道参数时，地球就不能再被当作一个位于地心的质点了，必须考虑偏离球对称产生的额外引力，即“高阶摄动”。最显著的摄动项来自地球赤道的隆起，称作“J2 摄动”。地球赤道半径比极半径长了 20 km。即使隆起幅度只有平均半径的千分之三，这样偏离球形微小的差异，也足以让卫星轨道产生明显的进动——也就是说，卫星的轨道面会像陀螺那样发生周期性的“摇晃”。所以准确地讲，卫星轨道都不是闭合的，每转一圈都要进动一点点，只是基本近似于闭合轨道。

简单来看，进动效应对于全天巡视的科学目标是有好处的：轨道面缓慢地“摇晃”，可以让卫星自然而然地逐步扫描天空。但过度进动会导致能源问题。考虑到卫星太阳能板与卫星是相对固定的，如果轨道倾角过低，由于轨道面不断旋转，太阳入射太阳能电池板的方向将在数十度范围内变化。换句话说，太阳能板充电的功率将出现大幅度涨落，给电池和供电的稳定性带来巨大的挑战。因此要尽量选择较大的轨道倾角。但是，又不能选择完全穿过南北两极上空的轨道。因为轨道倾角 90° 的极地轨道又会带来另一个大问题——J2 摄动项消失了，轨道面不再旋转进动！此时卫星总是向外巡视一片固定的天区，必须持续扭动姿态才能满足全天巡视的需求。而卫星姿态一旦开始扭动，太阳能板和太阳方向的夹角又会出现较大的变化。因此轨道倾角的选择要综合考虑科学目标和能源供给。这样的思路把科研人员引向了一种特殊的轨道——太阳同步轨道。

通过分析 J2 摄动，在特定的轨道高度，选择特定的轨道倾角，能够找到轨道面每天进动 1° 的轨道。随着地球绕太阳公转，这样的轨道可以始终保持固定的太阳方位角，因此被称作**太阳同步轨道**。这种轨道既满足了持续进动巡视全天的需求——比如只需 60 天的持续轨道进动，探测器即可完成对整个天区的覆盖，远远低于两年的上限要求——又方便获得稳定的太阳能供给，可谓一举两得。

## 确定轨道高度

太阳同步轨道满足了有能源、能巡天的两大约束条件。轨道选择的最后一步是确定轨道高度。确定轨道高度需要考虑的两个主要因素是辐射强度和轨道衰减。我们平常生活在大气层和地球磁场的保护下，来自太阳和宇宙的高能粒子要么被磁场偏转，要么在大气中反应消失，最多需要考虑被太阳的紫外线晒黑或晒伤。但对于身处大气层外的卫星来说，存在受大量高能粒子撞击的风险，因此辐射防护是一件大事。即使“悟空号”本身的科学目标就是探测高能粒子，也经受不起过量辐射的摧残，因此卫星上所有电子元器件都必须通过辐射照射实验的检验，否则一着不慎满盘皆输，某个电子元件失效就有可能导致整个卫星报废。

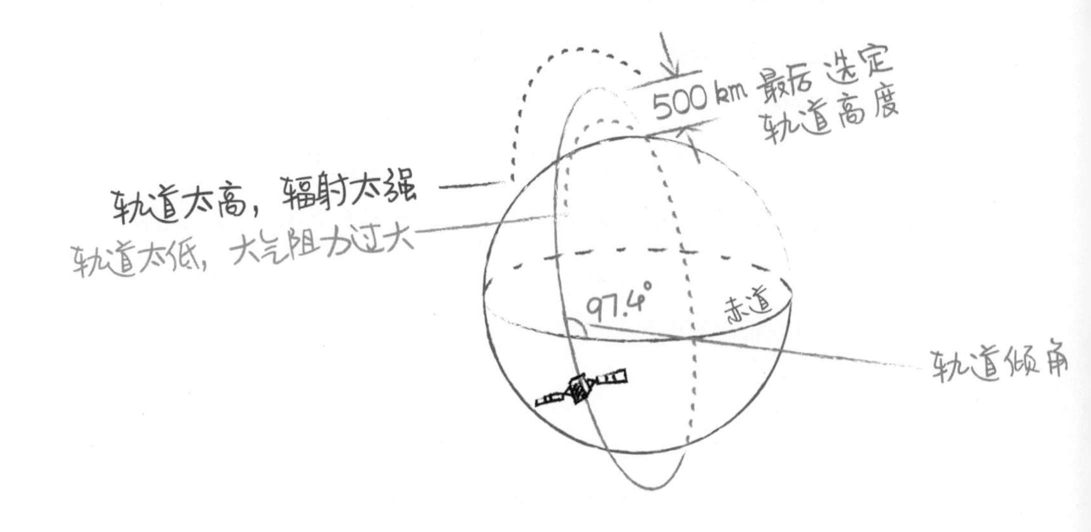


＊“悟空号”选择了 500 km 高度的太阳同步轨道

卫星轨道高度越高，地磁场强度越弱，辐射强度也就越强。所以为了防护辐射，轨道高度应该越低越好。但可否一直低下去呢？这里又出现了一个需要权衡的因素——大气阻力。虽然超过 100 km 的高空习惯上就被称作“太空”，但这里仍然有微量的空气分子存在。对于处于 250 km 高度的卫星，这点空气阻力已经足以让它在数十天内再入大气层。好不容易发射入轨的卫星只能工作几十天是任何人都难以接受的。一旦轨道高度增加到 500 km，空气阻力就足够微弱了，轨道自然衰减的周期可达 20 年。因此大量自身不携带燃料的卫星，都会选择 500 km 或更高的轨道。

综合辐射强度和轨道衰减，再结合科学目标和能源需求，“悟空号”最终选择了 500 km 高度的太阳同步轨道，轨道倾角 97.4°。

## 发射升空！

在讨论卫星运行轨道和工作模式的同时，也要考虑如何把卫星发射升空的问题。“悟空号”独特的载荷－平台一体化设计，让整星的尺寸和质量大大缩减，从而给宝贵的发射资源留下了充分的冗余——只需包络直径 2.9 m、高 2.3 m 的体积和运载 1900 kg 载荷到 500 km 轨道的发射能力。按照这样的技术需求，我们从国内多个火箭型号中选择了被誉为“金牌火箭”的长征二号丁，并在酒泉卫星发射中心进行发射。

2011 年，卫星工程启动。2012 年 6 月，确定了卫星系统与运载火箭系统、发射场系统、测控系统和地面支撑系统的接口后，研发正式启动。2015 年 5 月，各有效载荷与卫星平台完成联合测试。同年 8 月，卫星完成总装。随后卫星还进行了一系列发射前的试验。比如为了搭乘火箭冲出大气层，卫星需要进行振动试验、力学噪声试验，模拟发射过程中的各类强弱振动。卫星处于近地轨道时，不但每天要经历超过 15 次日出日落，还要在高真空环境下经受太阳风带电粒子和宇宙射线的辐射，所以需要进行真空热试验和电磁兼容试验，模拟在轨运行时的受热、散热和辐射。至 2015 年 10 月，卫星顺利通过各项试验。同年 11 月，卫星通过各项评审。2015 年 12 月初，卫星进入发射场。

与此同时，运载火箭也通过了各项评审，并转入发射场。发射场完成了后勤保障和流程制定，已具备执行发射的条件。测控系统完成了入轨段和在轨运行段的测控任务准备，以提供后续测控保障。地面支撑系统也通过验收评审，具备了卫星在轨测试和长期运营管理卫星的能力。

2015 年 12 月 17 日 8 时 12 分，长征二号丁遥三十一运载火箭从酒泉卫星发射中心点火升空，成功将“悟空号”送入 500 km 太阳同步轨道。同年 12 月 24 日，科学应用系统成功接收到卫星下传的首批科学数据。三个月后，卫星顺利完成测试，并通过了在轨测试总结评审。2016 年 3 月 17 日，卫星正式交付使用，开始了其科学探测任务。

探测器
重量
BGO
NUD
PSD
STK
数量
幂律
能量
偏离规律
可能存在异常
理论预测值
低分辨率，无法判断是否异常
e+
e-
γ
入射事件
区分
空间来源
探测器
PN结(半导体)
P
N
无电流
电源
高能粒子
产生瞬时电流
γ射线
电子，质子，……
闪光
直接穿过
高能粒子
近的一端，光信号强
适合分析较低能量粒子
BGO晶体
远的一端，光信号弱
适合分析较高能量粒子
高能质子p+
高能电子e-、γ射线
中子n
事件
没有中子
光纤
硅 Si
钨 W
硅 Si
γ→e++e-
投影
高能粒子
DAMPE
事件
能量
数量
种类
方位→来源
能谱
实测
异常值
旧理论
星系
距离
速度
26.8% 暗物质
4.9% 普通物质
68.3% 暗能量
WIMP
(LHC)
对撞
反冲
速度
实际速度
星系中心

CHAPTER 5

# “悟空号”的星地数据传输与处理

## 载荷的数据采集、标定与封装

### 正负分明的数据采集

在第 3 章中我们谈到，“悟空号”的有效载荷都有对应的前端电路与探测介质直接相连，把入射高能粒子产生的光信号转换为电信号，并把信号数字化。

模拟信号是连续变化的，能够直观地反映物理量的变化情况，但抗干扰能力弱，会在传输过程中不断积累噪声信号，导致接收端的有用信号质量很差——换句话说，“信噪比”过低。

对模拟信号进行抽样、量化和编码之后，就形成了数字信号。这一变化带来了种种好处：

数字信号是离散变化的，阶梯型的量化意味着只有达到一定阈值的干扰和噪声才会影响到有用信号；而适当的编解码算法可以保证接收端能够把有用信号从干扰和噪声中干净地还原出来，即使经过长距离传输也能维持较高的信噪比。

量化和编码后的信号是由 0 和 1 组成的二进制数字流，经过一系列的“与”“或”“异或”运算（这是二进制下的基本逻辑运算）之后就变成了“乱码”——这就是加密，只有真正的接收方才能按照预定的算法把“乱码”还原，保证了数据传输的安全。

此外计算机工作的信号也是二进制代码，因此数字信号更便于计算机分析、处理和保存。

……

数字化凭借着上述优势，已经成为科研和生活中离不开的“基础技能”啦！

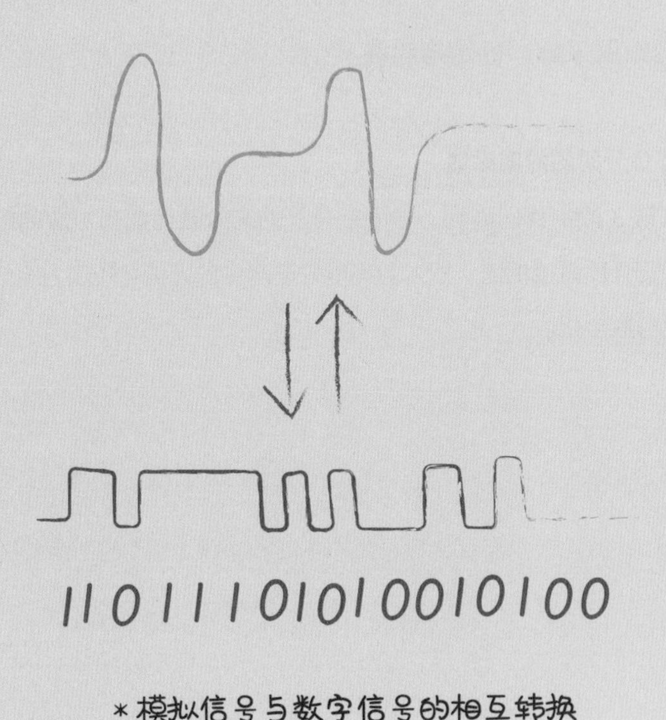


＊模拟信号与数字信号的相互转换

“悟空号”整体呈立方体结构，有四个侧板，每个侧板上都设置了7个前端电路。这28个前端电路是为塑闪阵列探测器、硅阵列探测器和BGO量能器设计的。由于中子超强的穿透性，中子探测器的前端电路安装在机箱内部，并不影响探测效果。

这些前端电路把采集到的原始信号转换为数字信号并且打包，生成了原始的探测数据。为了完整、高效地把数据传回地面，卫星还有一套专门设计的载荷数据管理系统，负责前端电路的遥测、遥控和数据采集。这套系统有两个核心处理器。秉承着“以载荷为中心”的设计思想，这

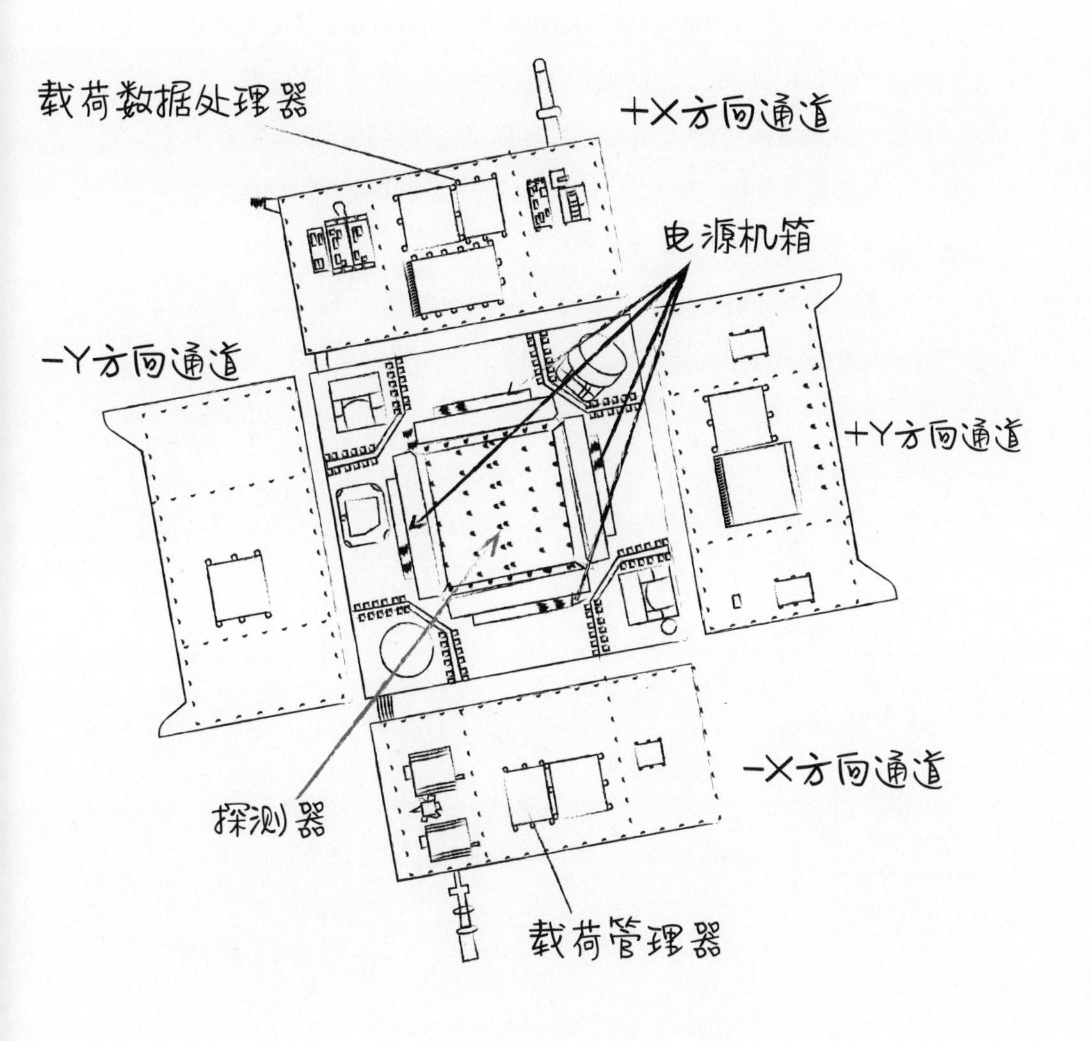


* 数据处理单元在星上的布局

两个核心处理器没有去和有效载荷抢夺卫星的中心位置，而是被安装在卫星的侧板上。

为了方便展示，我们不妨把卫星的侧板平铺展开，按照二维坐标轴的命名原则定义其四个方向为 +X、+Y、-X 和 -Y。

位于卫星 +X 侧板上的是载荷数据处理器（Payload Data Processing Unit），负责卫星 +X、+Y 方向共 14 个电子学前端的遥测、遥控和数据采集，以及中子探测器的数据采集，可以说承担了一大半的数据记录工作。不仅如此，这位数据记录员还身兼“发令员”之职——载荷数据处理器与 BGO 量能器相连，当 BGO 量能器探测到高能粒子入射时，会给载荷数据处理器发一个击中信号，而载荷数据处理器会根据这个信号触发探测器开始采集数据。

在载荷数据处理器对面的 -X 侧板上，与之隔“荷”相望的，是载荷管理器（Payload Management Unit）。它负责卫星 -X、-Y 方向

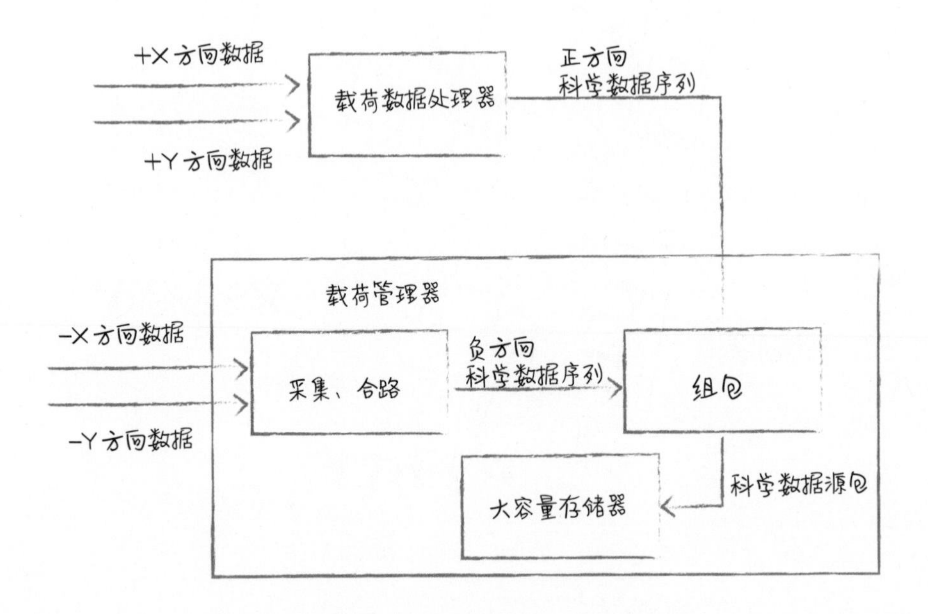


＊探测数据从采集到存储的流向

另外 14 个电子学前端的遥测、遥控和数据采集。

上页图展示了探测数据从采集到存储的流向。

载荷数据处理器把正方向（+X、+Y）的 14 个前端电路的数据，合成为正方向的科学数据序列，发送给载荷管理器；载荷管理器把负方向（-X、-Y）的 14 个前端电路的数据，合成为负方向的科学数据序列。这两个数据序列在载荷管理器中重新组织后，生成科学数据源包格式并送入大容量存储器保存。

## 数据存储

“悟空号”的载荷收集到的数据量很大，每天需要下传的数据约为 5 GB。但“悟空号”并非地球同步轨道卫星，每天只有特定的时刻会飞临地面接收站的范围内，因此它探测到的科学数据和工程参数并不会实时传回地面。当卫星处于地面接收站范围之外时，这些数据必须妥善地储存起来。大多数卫星的数据存储都是通过平台星务计算机来实现的。但在“悟空号”上则直接由载荷数管系统中的载荷管理器负责，无需经过星务计算机，从而减少数据传输的环节。

“悟空号”的载荷管理器中设置了大容量的固态存储器，容量为 16 GB，可以保存两天的数据，并且支持高速读写，读写速度达到每秒 256 MB。

## 数据封装

在通信系统中，为了保证数据的传输效率和规范性，必须要把数据按照一种约定的格式进行整合。整合过程中会根据通信协议的需要，在数据中增加一些额外的信息用于寻址、纠错等，就像寄信时要把信装在信封里并加盖邮戳一样。这个整合的过程因此被称作“封装”。

考虑到探测任务的国际合作、交互支持以及地面接收站的通用化，“悟空号”的下传数据封装采用了一种国际通用标准体系——空间数据系统咨询委员会（CCSDS）制定的高级在轨系统（AOS）标准，简称 AOS 标准。这是一种用于空间对空间或空间对地面的测控和通信数据处理的数据传输体系。

从右图可以看到，在核心数据（即传输帧数据域，由数据流协议数据单元 B_PDU 组成）之外，还增加了一个“主导头”，里面包括版本号、航天器标识、虚拟信道标识、帧计数等附加信息。正是通过层层封装，保证了包裹在其中的核心数据，能够按照预定的时刻、预定的数量、预定的顺序发送到地面，而地面上的数据处理人员，也能够准确且无损地解析发自各类卫星的科学数据。

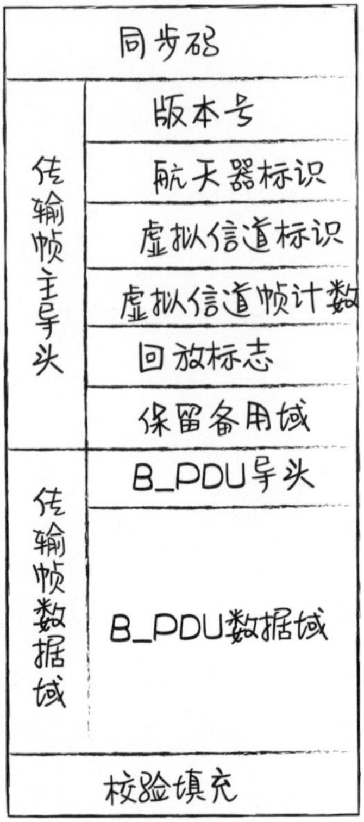

| 同步码 | |
|---|---|
| 传输帧主导头 | 版本号 |
| | 航天器标识 |
| | 虚拟信道标识 |
| | 虚拟信道帧计数 |
| | 回放标志 |
| | 保留备用域 |
| 传输帧数据域 | B_PDU导头 |
| | B_PDU数据域 |
| 校验填充 | |

* “悟空号”使用的 AOS 标准数据结构

## 数据的下传和接收（星地通信）

上一节我们提到了数据的采集、存储和封装。当卫星飞临地面接收站时，怎样才能把封装好的数据传递给接收站呢？

我们先从卫星这一侧开始说。卫星数传系统的工作波段为微波的 X 波段（即频率 8.0 ~ 12.0 GHz、波长 2.5 ~ 3.8 cm 的微波）。数传系统接收到封装好的数据后，从数据处理到发出，需要经过几个步骤。为了更形象地解释这些步骤，我们不妨用军队跨区调动来类比。

### 整队

为了保证人员安全，防止有人掉队，在出发前人员要编组成纵队。数据传输与之类似，要在源数据中增加一些附加数据，并按照特定的格式、特定的计算方法进行排列，以避免或者减少数据传输过程中可能出现的错误，降低马赛克出现的概率。这个过程就叫作“编码”。

### 换乘

现在军队长途行军时，会先通过公路将人员运送到火车站，再换乘高铁进行长距离机动。信号的传输也一样。刚刚经过编码的信号频率比较低，并不适合直接通过无线信道进行传输，所以需要将之加载到一个高频率的信号上，使这个高频的信号具备原信号的特征，再进行发送。这个信号“换乘”的过程被称为“调制”，原始信号被称为“调制信号”。用来运输调制信号的“高铁”，就是高频信号，被称为“载波”。

调制信号的特征如果是通过载波的信号幅度来体现，就叫作“幅度调制”，简称“调幅”（AM）；如果是通过载波的信号频率来体现，就叫作“频率调制”，简称“调频”（FM）；如果是通过载波的信号相位来体现，就叫作“相位调制”，简称“调相”（PM）。“悟空号”使用的调制方法叫作“差分正交相移键控”（DQPSK），是一种相位调制方法。

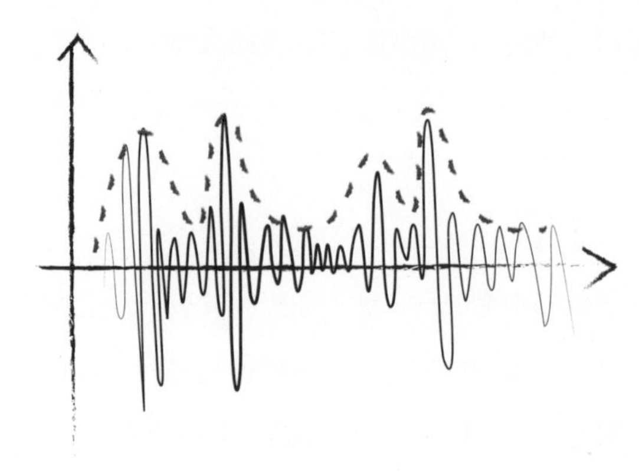

调幅

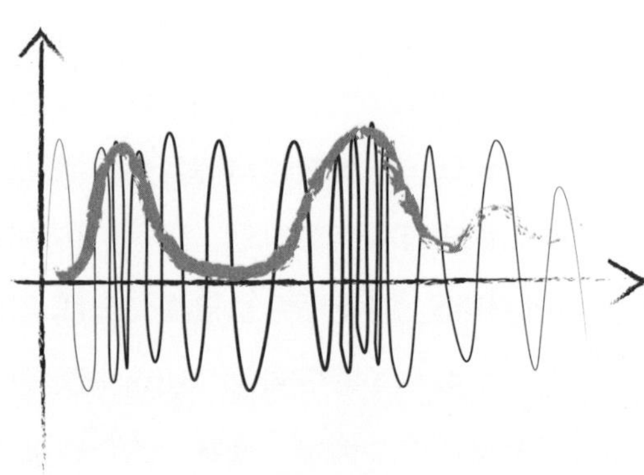

调频

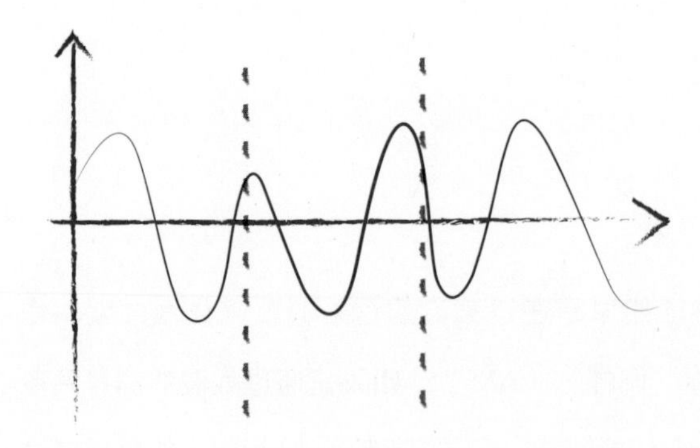

调相

*数字信号的三种调制方法

完成调制后，信号需要再进行一次上变频，将频率上调到天线对应的工作频率，再经过射频放大，就可以通过微波天线发送了。

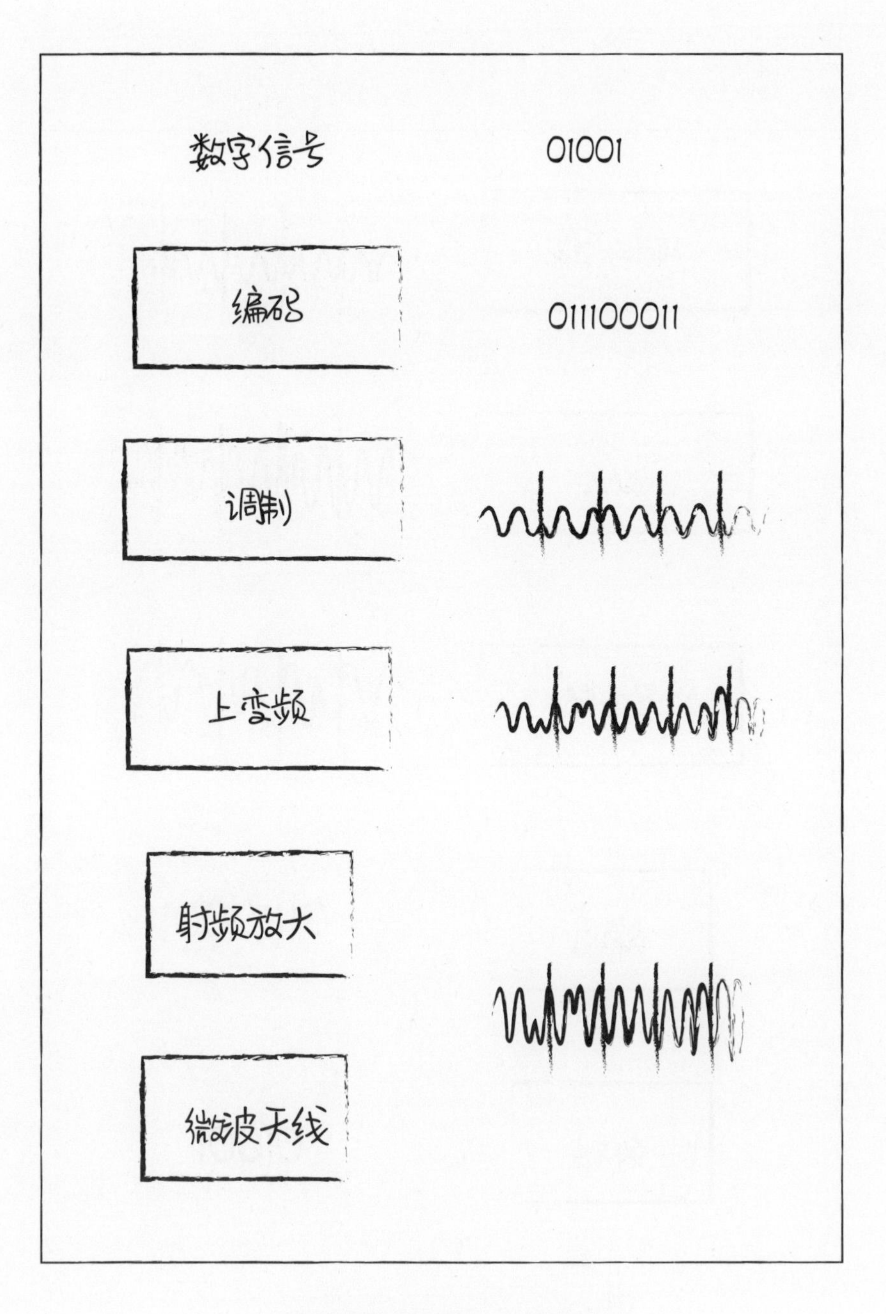


＊微波通信过程（发射端）

**抵达**

部队经过长途跋涉到达指定地区后，首先要进行补给和休整，再换乘汽车前往驻地。各部队清点人员后就可以解散回营房了。那我们的信

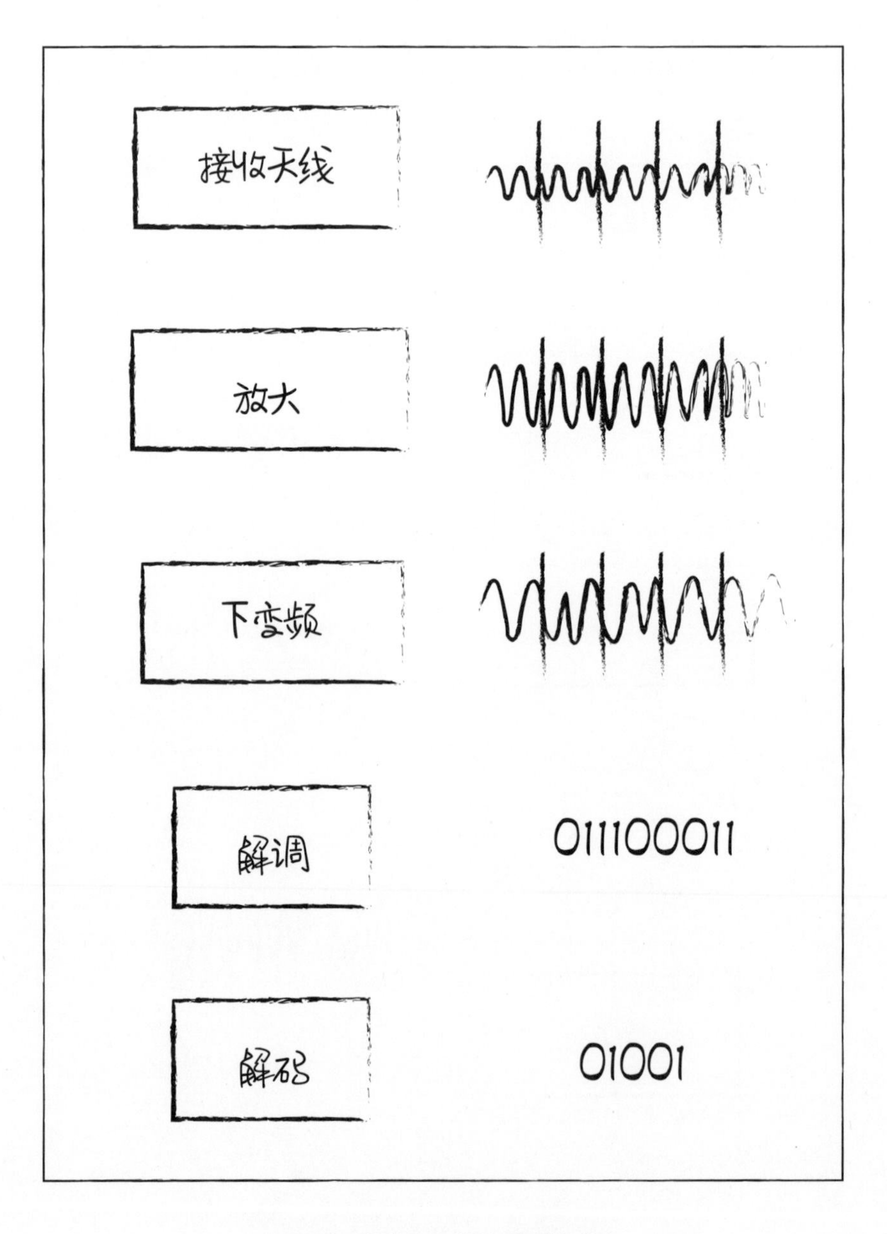


＊微波通信过程（接收端）

号呢？也是一样！微波信号跨越茫茫太空，抵达地面的接收站后，就要把卫星上数传系统的工作程序逆着做一遍。

由于卫星发射功率有限，微波信号在经过远距离传播后已经非常微弱，所以地面首先要进行信号放大，再将高频信号进行下变频处理，转换为中频信号并进行解调——所谓“解调”，就是上文中“调制”的逆过程，把调制信号从载波中分离出来。

在解调完成后，再按照约定的编码计算方法，对传输过程中产生的误码进行纠正，复原为原始的数字信号。这个过程是编码的逆过程，叫作“解码”。

“悟空号”每天需要下发的科学数据多达 5 GB，且由于卫星运行在太阳同步轨道上，每次过境的时间十分短暂。当采取对地定向姿态时，平均过境时间只有 9 分半；如果采取银心惯性定向，则平均过境时间还不到 5 分钟。为了保证在有限的时间内完成海量数据的传输，必须使用较高的数据传输速率，而且地面接收天线必须具有良好的跟踪性能。

“悟空号”采用了差分正交相移键控调制技术和 RS 级联卷积编码。在地面接收站的配合下，卫星的下行数据传输速率可达到 64 Mbps，传输 5 GB 的数据只需要 11 分钟，也就是说平均 2 ~ 3 次过境就可以完成一天的数据传输任务。

64 Mbps 的速率是个什么概念呢？在 4G 蜂窝网络下，手机下载的速率为 10 Mbps 左右，家中使用的百兆光纤，理论上的传输速率能够达到 100 Mbps，而手机使用 Wi-Fi 下载时实际下载速度在 60 ~ 70 Mbps。因此“悟空号”的下行数据速率完胜 4G 网络，已达到百兆光纤的水平了。

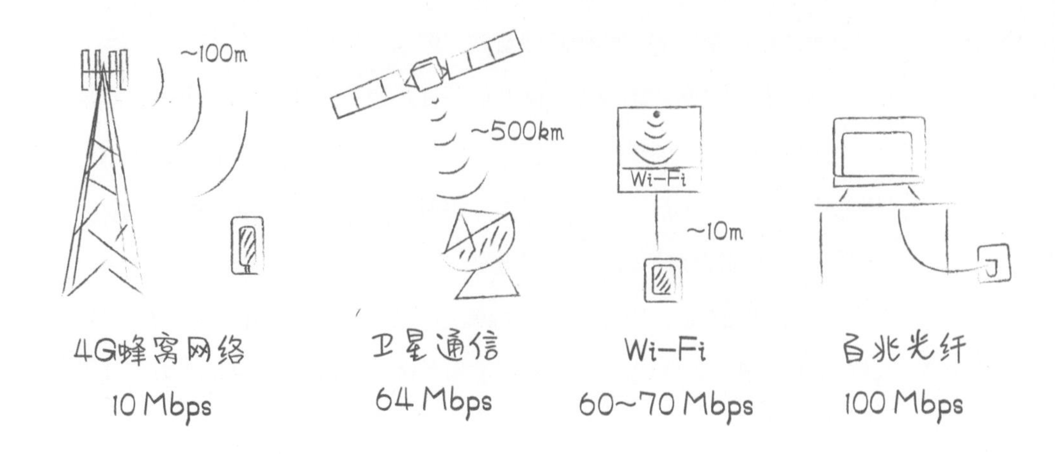


* 不同设备的数据传输速度比较

**数据的解析与应用**

地面支撑系统接收的数据只是暂时存放在落地存储系统中。数据完成预处理后，就会生成初级数据产品，并发送到南京的“悟空号”科学应用系统——这才是数据真正的目的地。在这里，系统会对二进制数据进行处理。利用分析软件和大型计算机，数据会被自动封装处理成不同级别的数据文件，并生成更高级别的数据产品——能够供科学家使用的图像、谱线等数据，再发往卫星载荷的研制单位，供科学家分析研究。

科学家用不同等级来区分经过不同深度处理的数据。

0 级：卫星发下来的由地面支撑系统生成的初级数据产品，称为 0 级数据，包括原始科学数据、标定参数、遥测数据、轨道数据和姿态数据，需要永久保存。

1 级：对 0 级数据进行排序、拼接、去重、解压缩、格式转换和标定参数等处理后，生成的数据产品称为 1 级数据，用 FITS 格式进行保存。所有必要信息都会写入文件中。

2 级：根据卫星载荷用户的要求，从 1 级数据中导出部分物理量形成的数据产品，称为 2 级数据，用 FITS 格式进行保存。不过有时候 2 级数据并不是科学应用系统负责生成，而是向用户提供软件，由用户自己在 1 级数据的基础上生成高级数据。

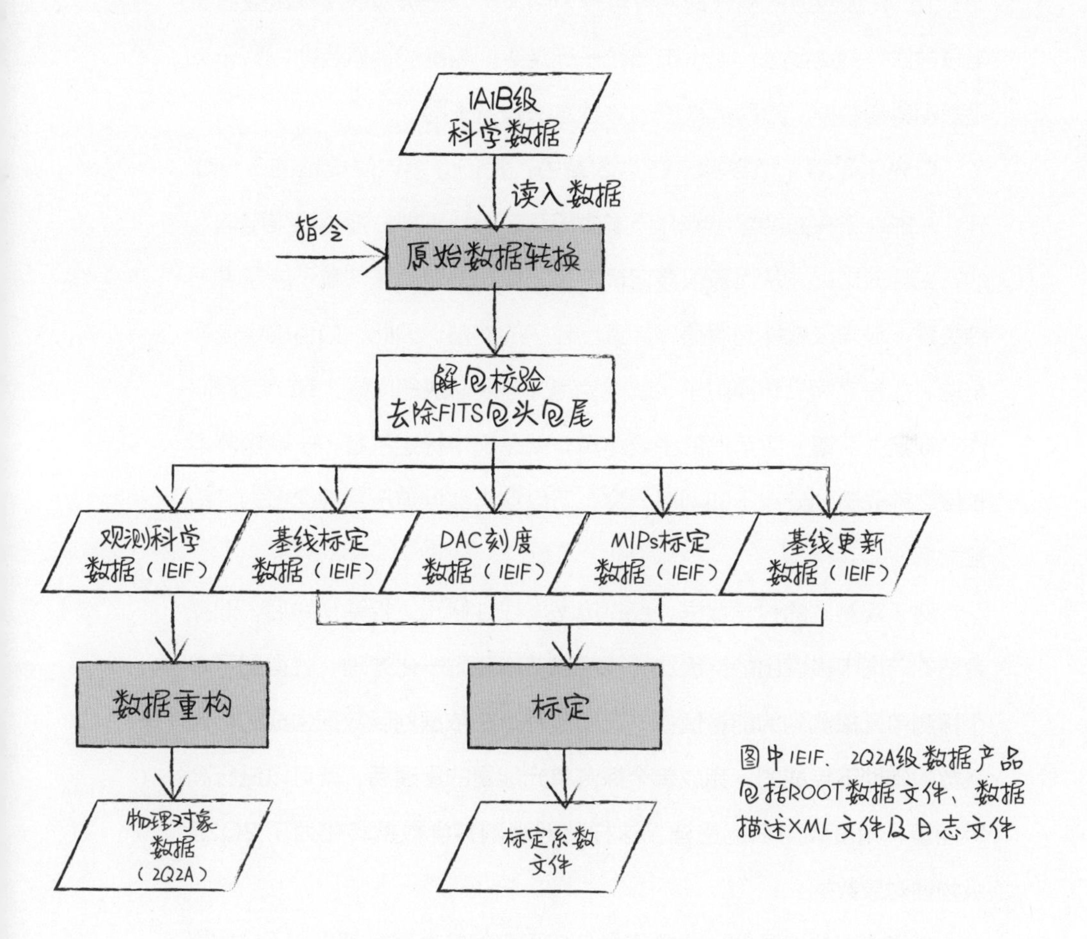


* 卫星数据的基本处理流程

上页的这张图展示了卫星数据的基本处理流程。0 级数据经过解帧、源包提取、排序，以及拼接和去重处理后，形成 1A1B 级科学数据。

数据处理软件将 1A1B 级数据进行解包校验，并去掉 FITS 的包头和包尾，分离出数据包中的各种数据，包括：观测科学数据、基线标定数据、电子学线性刻度（DAC）数据、最小电离粒子（MIPs）标定数据与基线更新数据等等，并转化为统一的格式，就形成了 1E1F 级数据。

1E1F 级数据根据数据内容可分为两大类：一类是基线标定数据、电子学线性刻度数据、最小电离粒子标定数据与基线更新数据；另一类是观测科学数据。这两类数据的处理方法有所不同。

首先来看第一类数据。在第 3 章中，我们介绍过量能器的工作原理：入射粒子在量能器中与介质发生相互作用，其部分能量以光电信号的方式释放出来，从而被仪器记录下来。只要确定信号与粒子能量之间的关系，科学家就能利用信号计算出粒子的能量。因此，如何确定信号与粒子能量之间的转换因子，就成为首先需要解决的问题。这个过程叫作“**标定**”。第一类数据的主要作用，就是确定标定系数——就像测量长度之前先要划分尺子的刻度一样，所以这类数据被形象地命名为“**刻度数据**”。

对于观测到的科学数据，经过电子学线性修正，扣除基线后，选择合适的倍增电极读出能量级次，再经过转换和归一化处理，就得到了单个探测单元探测到的能量值——这个过程是在依据刻度数据生成的标定系数的辅助下完成的。完成单个探测单元能量的重建后，就可以进行高级能量、角度和电荷的重建，这样就把观测科学数据转化为了 2Q2A 级物理对象数据。

或许你已经注意到，“悟空号”传下来的数据很多都是用 FITS 格式保存的。那什么是 FITS 格式呢？这是一种存储天文学数据的通用文件格式，由国际天文学联合会（IAU）于 1982 年制定。世界各地的天文台之间传输、交换数据一般都使用这种格式。

下图是 FITS 基本格式的示意：

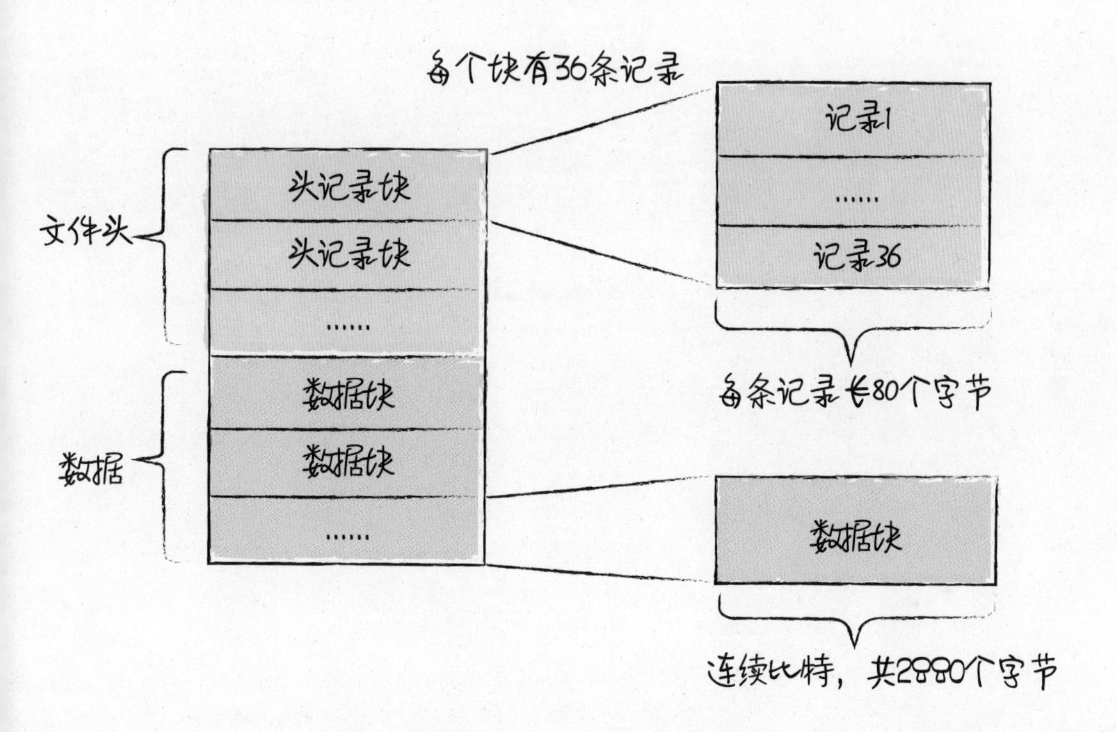


＊ FITS 数据格式

探测器
重量
BGO
STK
NUD
PSD
数量
幂律
理论预测值
低分辨率，无法判断是否异常
偏离规律
可能存在异常
能量
入射事件
区分
空间來源
探测器
PN结
无电流
电源
高能粒子
产生瞬时电流
电子，质子，……
闪光
直接
穿过
高能粒子
BGO晶体
近的一端，光信号强
适合分析较低能量粒子
远的一端，光信号弱
适合分析较高能量粒子
高能质子p+
高能电子e-、γ射线
没有中
光纤
硅 Si
钨 W
硅 Si
γ→e⁺+e⁻
投影
高能粒子
DAMPE
事件
能量
数量
种类
方位→来源
能谱
实测
异常值
旧理论
26.8% 暗物质
4.9% 普通物质
68.3% 暗能量
星系
距离
速度
WIMP
(LHC)
对撞
反冲
WIMP
速度
实际速度
星系中心

# CHAPTER 6
# “悟空号”的“工作汇报”与展望

2015 年 12 月 17 日清晨，伴随着日出与朝霞，暗物质粒子探测卫星“悟空号”乘坐长征二号丁运载火箭腾空而起，标志着我国空间科学实验卫星的纪元正式开启。

从这天开始，“悟空号”在距地面 500 km 的太阳同步轨道上每天绕地球 15 圈，接收来自宇宙深处的各种高能粒子信号，再把数据源源不断地发回地面。

如今，“悟空号”已经平稳运行 6 年多（截至 2021 年），绕地球 3 万 6 千多圈，完成全天区扫描十多次，捕获了近 120 亿次高能宇宙射线事件，下传的科学数据量超过 63 TB。

有了“悟空号”捕获的这些数据，相关科研领域也捷报频传。六年多来，科学家已经发表了高能电子、质子、氦核、γ 射线等宇宙粒子物理领域最精确的测量结果。我们回顾一下：

① 2016 年，“悟空号”团队得到中国首个 GeV 以上能段 γ 射线天图，标志着“悟空号”旗开得胜；

② 2017 年，“悟空号”团队在《自然》期刊上发表了迄今为止精度最高的高能电子能谱，以高置信度测量到了电子宇宙射线能谱在大约 0.9 TeV 处出现的拐折，并且首次显示电子宇宙射线能谱在 1.4 TeV 处出现的拐折，可能预示着粒子物理或天体物理领域的突破性发现；

③ 2019 年，“悟空号”团队在《科学进展》期刊上发表了宇宙射线

中高能质子在 40 GeV 到 100 TeV 能段的精确能谱测量结果，确认了质子能谱在 500 GeV 处的硬化现象，首次发现质子能谱在约 14 TeV 处出现了明显的软化现象，对于揭示高能宇宙射线的起源以及加速机制都具有十分重要的意义；

④ 2021 年，“悟空号”团队在《物理评论快报》上发表了氦核宇宙射线从 70 GeV 到 80 TeV 能段的精确能谱测量结果，探测到氦核能谱的新结构，进一步揭示了高能宇宙射线的起源与加速机制；

⑤ 2021 年 9 月，“悟空号”团队公开发布了首批 γ 光子的科学数据，包括 3 年内 99 864 个 γ 光子事件的数据文件，为科研人员提供开放的数据共享服务，助力全世界科学家共同参与有关宇宙射线起源和天体活动的研究。

这些探测结果，一方面为观测和认识宇宙打开了新的窗口，让我们对高能宇宙射线的起源和加速机制有了更深入的认识；另一方面也为暗物质的间接探测做出了重要贡献，有望帮助人类揭开暗物质的“隐身衣”，判断目前的理论模型是否合理、暗物质是否真的存在。

“悟空号”最初的设计寿命只有 3 年，但发射 6 年多以来，卫星平台和有效载荷均工作正常，已多次延长使用寿命。超期服役的“悟空号”“老骥伏枥，壮心不已”，依然在不断积累高质量的宇宙粒子探测数据，也会持续产出重要科学成果。

暗物质这朵“乌云”，是 20 世纪中叶以后物理学最引人入胜的未知领域之一；观测宇宙射线，研究其起源、加速机制、传播及相互作用，也是当今重要的物理学和天文学研究课题。

2011 年，中国科学院启动了空间科学先导专项。而我国空间科学实验的首发星，便把目标瞄准了这个最前沿、最神秘的领域。

在人们的印象里，宇宙射线似乎离我们无比遥远，暗物质更是虚无缥缈。然而，看似是“空”，更值得我们去“悟”，越是看不见摸不着的远方，越能激发我们无尽的好奇心。我们看到，在人类历史的长河中，正是对未知事物的好奇心驱使着人们一次次地拓宽认知的边界，揭示更深层次的自然规律，然后在不经意间把单纯的知识转化为巨大的生产力，从而推动整个人类社会的变革与飞跃。

但任何远大的目标最终都要脚踏实地、一步步地加以实现。

面对“暗物质”这样一个扑朔迷离的新概念，我们既要大胆假设它如何突破既有理论框架，又要小心求证其承接现有理论可能的结合点。科学家因而提出了 WIMP 的假设，设计出通过高能宇宙粒子的能量异常来间接寻找暗物质踪迹的路线图。

为了探测高能粒子，需要一双能看见它们的“火眼金睛”。我们于是选择闪烁体、半导体等介质，把高能粒子撞击事件转化为可以直接接收的光、电信号，再通过分析这些信号来获取高能粒子的种类、入射位置和入射方向等信息。

探测器的元器件只在太空中正常工作是远远不够的，还要把数据传回地面，这就需要坚实可靠的卫星平台。因此除了有效载荷外，卫星的电源、总体电路、星务、测控、数传、姿控和热控等分系统一个也不能少。探测器与各式各样的分系统组成一套完整的暗物质粒子探测卫星系统。

卫星系统打造得再完美，也不能径自“上天”，还需要背后五大系统的通力合作：运载火箭系统送卫星入轨，发射场系统负责组织指挥实施发射任务，测控系统负责跟踪卫星的工作状态并维持与卫星的通信联络，地面支撑系统负责监测管理探测器的运行，科学应用系统负责把原始数据转化为科学数据产品。

最后，还有国家空间科学中心担当的工程大总体，统揽全局，协调各系统的团队工作，负责总体方案设计、技术协调、系统间大型试验、在轨验证与性能评估，确保科学目标能如期实现。

从探测暗物质的计划提出到“悟空号”获得一项项成果，其间凝聚了无数科研和工程人员的心血与汗水。

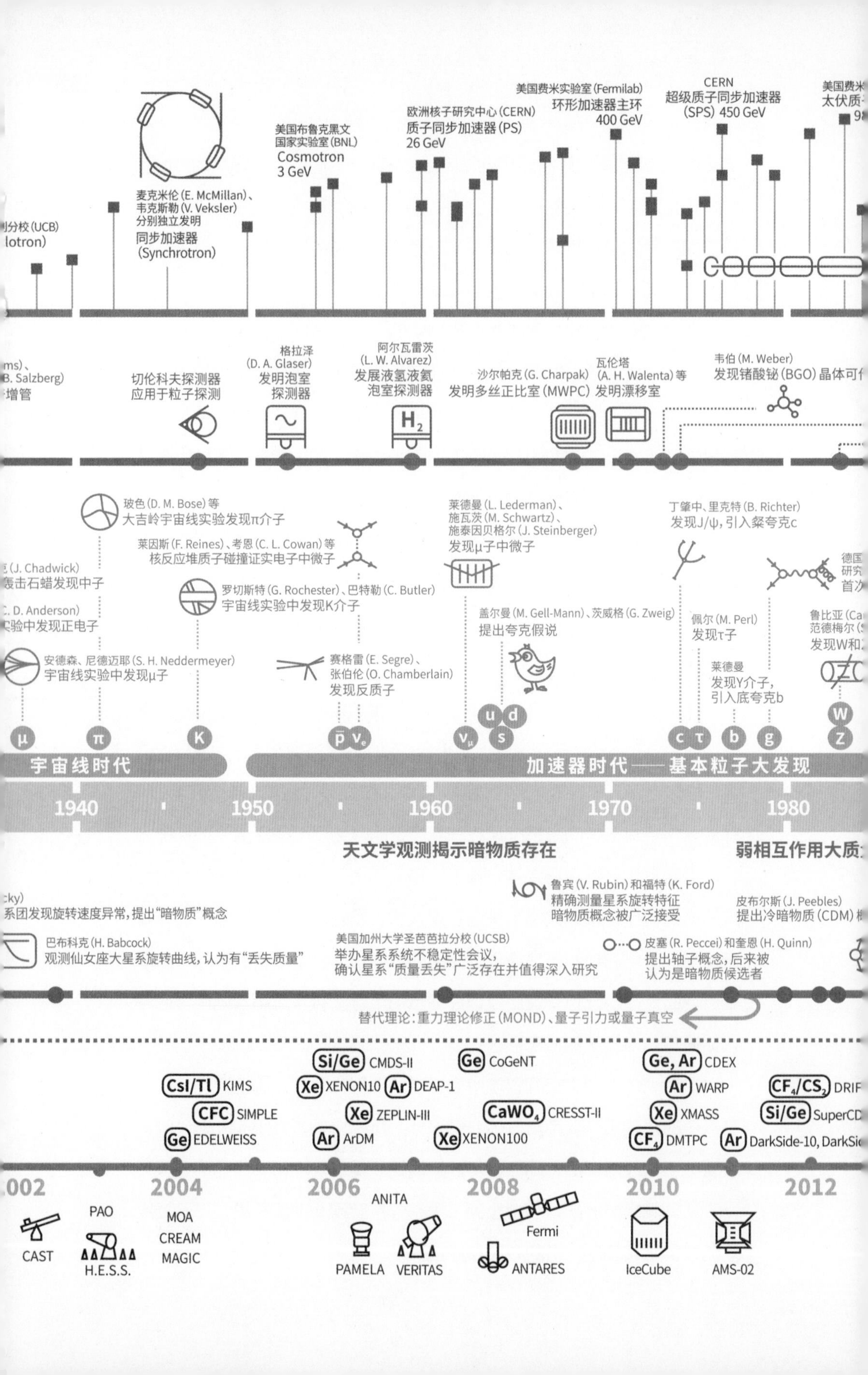

美国布鲁克黑文国家实验室(BNL) Cosmotron 3 GeV
欧洲核子研究中心(CERN) 质子同步加速器(PS) 26 GeV
美国费米实验室(Fermilab) 环形加速器主环 400 GeV
CERN 超级质子同步加速器(SPS) 450 GeV
麦克米伦(E. McMillan)、韦克斯勒(V. Veksler)分别独立发明同步加速器(Synchrotron)
切伦科夫探测器应用于粒子探测
格拉泽(D. A. Glaser)发明泡室探测器
阿尔瓦雷茨(L. W. Alvarez)发展液氢液氦泡室探测器
沙尔帕克(G. Charpak)发明多丝正比室(MWPC)
瓦伦塔(A. H. Walenta)等发明漂移室
韦伯(M. Weber)发现锗酸铋(BGO)晶体可
玻色(D. M. Bose)等大吉岭宇宙线实验发现π介子
莱因斯(F. Reines)、考恩(C. L. Cowan)等核反应堆质子碰撞证实电子中微子
罗切斯特(G. Rochester)、巴特勒(C. Butler)宇宙线实验中发现K介子
安德森、尼德迈耶(S. H. Neddermeyer)宇宙线实验中发现μ子
赛格雷(E. Segre)、张伯伦(O. Chamberlain)发现反质子
莱德曼(L. Lederman)、施瓦茨(M. Schwartz)、施泰因贝格尔(J. Steinberger)发现μ子中微子
盖尔曼(M. Gell-Mann)、茨威格(G. Zweig)提出夸克假说
丁肇中、里克特(B. Richter)发现J/ψ,引入粲夸克c
佩尔(M. Perl)发现τ子
莱德曼发现Y介子,引入底夸克b
宇宙线时代
加速器时代——基本粒子大发现
1940 1950 1960 1970 1980
天文学观测揭示暗物质存在
弱相互作用大质
巴布科克(H. Babcock)观测仙女座大星系旋转曲线,认为有“丢失质量”
美国加州大学圣芭芭拉分校(UCSB)举办星系系统不稳定性会议,确认星系“质量丢失”广泛存在并值得深入研究
鲁宾(V. Rubin)和福特(K. Ford)精确测量星系旋转特征 暗物质概念被广泛接受
皮塞(R. Peccei)和奎恩(H. Quinn)提出轴子概念,后来被认为是暗物质候选者
皮布尔斯(J. Peebles)提出冷暗物质(CDM)
替代理论:重力理论修正(MOND)、量子引力或量子真空
CsI/Tl KIMS
CFC SIMPLE
Ge EDELWEISS
Si/Ge CMDS-II
Xe XENON10
Ar DEAP-1
Xe ZEPLIN-III
Ar ArDM
Ge CoGeNT
CaWO4 CRESST-II
Xe XENON100
Ge, Ar CDEX
Ar WARP
Xe XMASS
CF4 DMTPC
Ar DarkSide-10
Si/Ge SuperCD
2004 2006 2008 2010 2012
CAST PAO H.E.S.S. MOA CREAM MAGIC ANITA PAMELA VERITAS Fermi ANTARES IceCube AMS-02

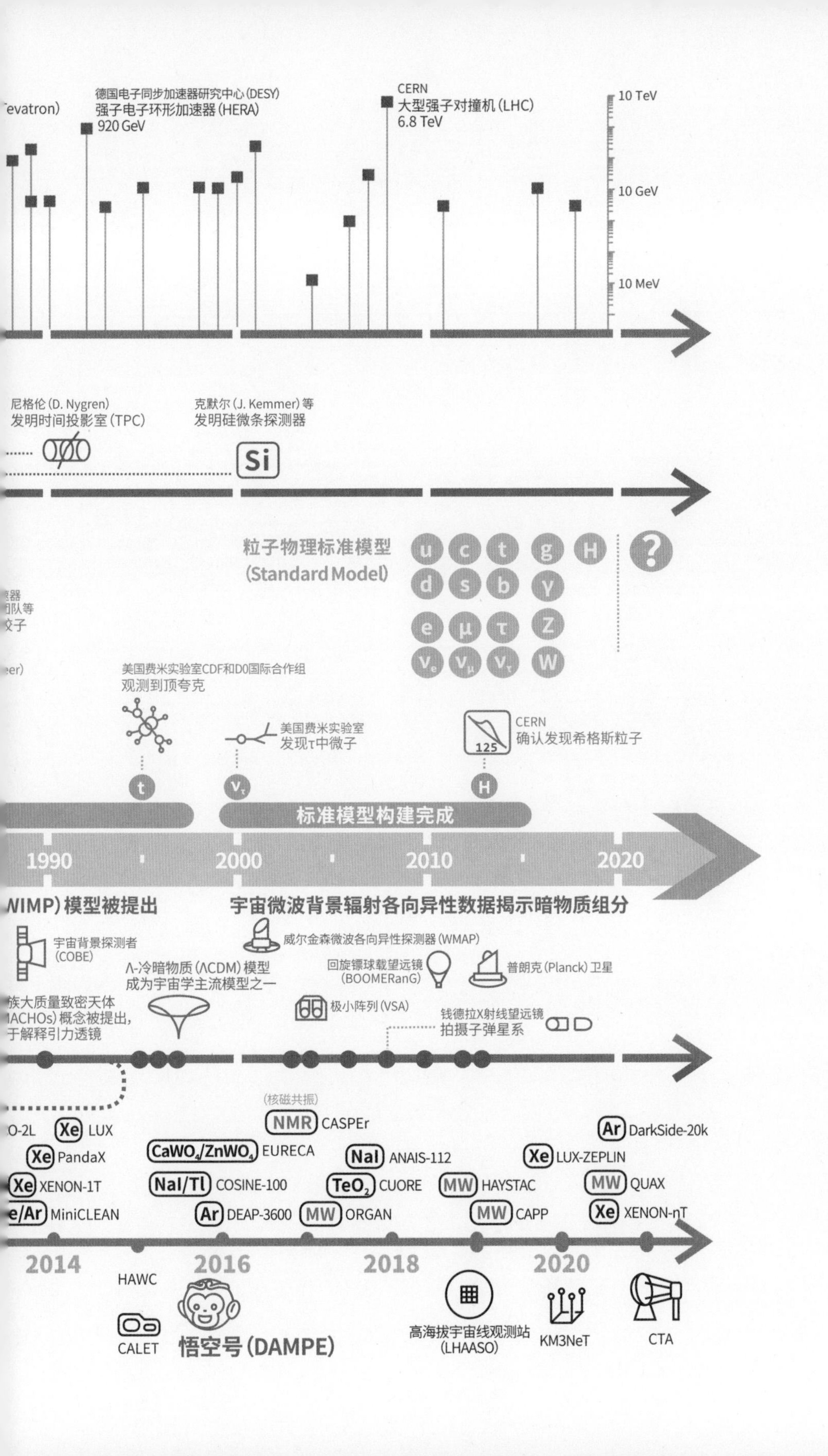

evatron)
德国电子同步加速器研究中心(DESY)
强子电子环形加速器(HERA)
920 GeV
CERN
大型强子对撞机(LHC)
6.8 TeV
10 TeV
10 GeV
10 MeV
尼格伦(D. Nygren)
发明时间投影室(TPC)
克默尔(J. Kemmer)等
发明硅微条探测器
Si
粒子物理标准模型
(Standard Model)
u c t g H
d s b γ
e μ τ Z
W
?
美国费米实验室CDF和D0国际合作组
观测到顶夸克
美国费米实验室
发现τ中微子
CERN
确认发现希格斯粒子
125
t
H
标准模型构建完成
1990
2000
2010
2020
WIMP)模型被提出
宇宙微波背景辐射各向异性数据揭示暗物质组分
宇宙背景探测者
(COBE)
威尔金森微波各向异性探测器(WMAP)
Λ-冷暗物质(ΛCDM)模型
成为宇宙学主流模型之一
回旋镖球载望远镜
(BOOMERanG)
普朗克(Planck)卫星
族大质量致密天体
ACHOs)概念被提出,
于解释引力透镜
极小阵列(VSA)
钱德拉X射线望远镜
拍摄子弹星系
(核磁共振)
NMR CASPEr
Ar DarkSide-20k
O-2L
Xe LUX
Xe PandaX
CaWO4/ZnWO4 EURECA
NaI ANAIS-112
Xe LUX-ZEPLIN
Xe XENON-1T
NaI/Tl COSINE-100
TeO2 CUORE
MW HAYSTAC
MW QUAX
e/Ar MiniCLEAN
Ar DEAP-3600
MW ORGAN
MW CAPP
Xe XENON-nT
2014
2016
2018
2020
HAWC
CALET
悟空号(DAMPE)
高海拔宇宙线观测站
(LHAASO)
KM3NeT
CTA

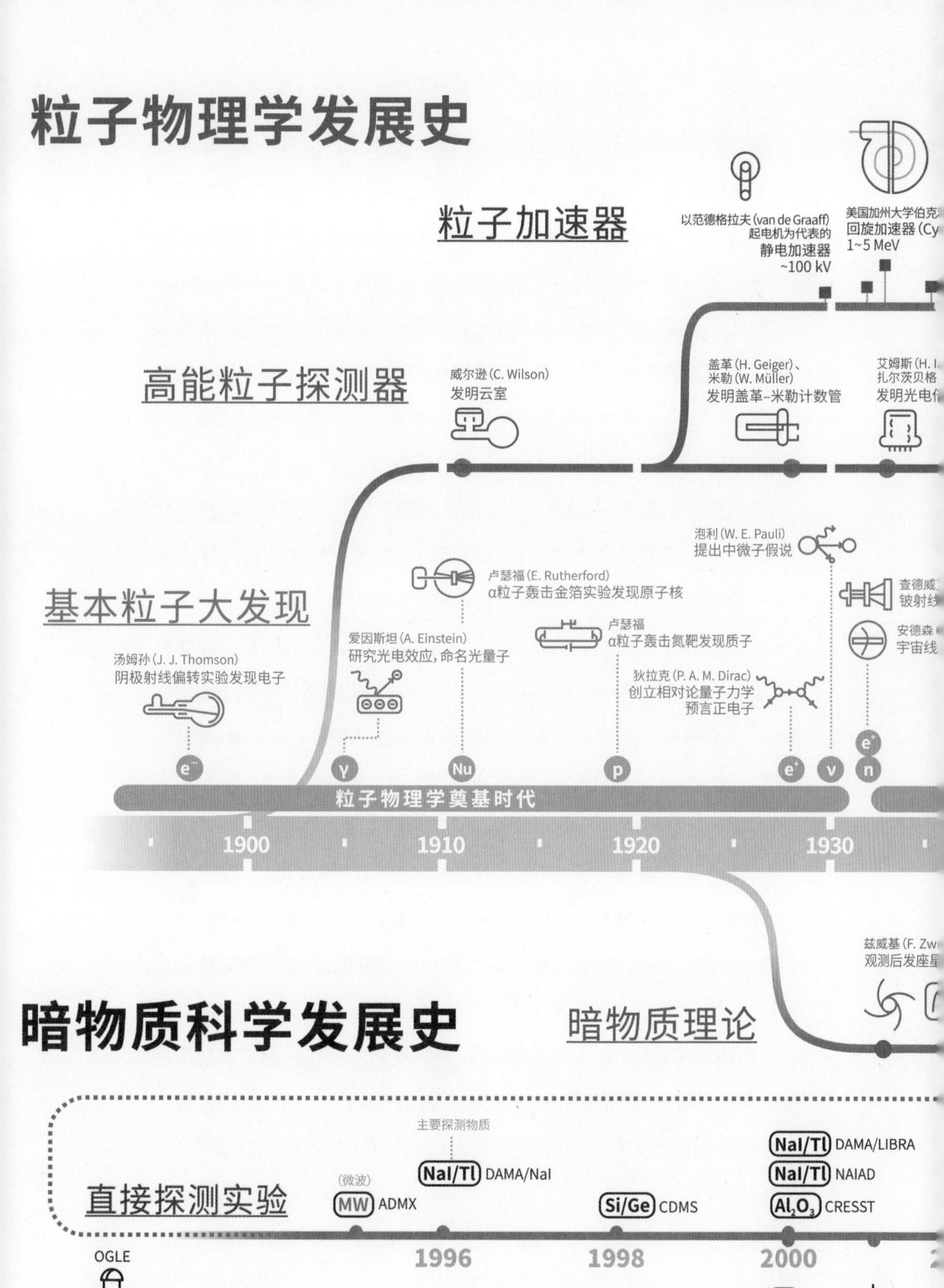

粒子物理学发展史
粒子加速器
以范德格拉夫(van de Graaff)
起电机为代表的
静电加速器
~100 kV
美国加州大学伯克
回旋加速器(Cy
1~5 MeV
高能粒子探测器
威尔逊(C. Wilson)
发明云室
盖革(H. Geiger)、
米勒(W. Müller)
发明盖革-米勒计数管
艾姆斯(H. I
扎尔茨贝格
发明光电倍
基本粒子大发现
汤姆孙(J. J. Thomson)
阴极射线偏转实验发现电子
爱因斯坦(A. Einstein)
研究光电效应,命名光量子
卢瑟福(E. Rutherford)
α粒子轰击金箔实验发现原子核
卢瑟福
α粒子轰击氮靶发现质子
泡利(W. E. Pauli)
提出中微子假说
狄拉克(P. A. M. Dirac)
创立相对论量子力学
预言正电子
查德威
铍射线
安德森
宇宙线
e⁻
γ
Nu
p
e⁺
ν
e⁺
n
粒子物理学奠基时代
1900
1910
1920
1930
兹威基(F. Zw
观测后发座星
暗物质科学发展史
暗物质理论
主要探测物质
直接探测实验
(微波)
MW ADMX
NaI/Tl DAMA/NaI
Si/Ge CDMS
NaI/Tl DAMA/LIBRA
NaI/Tl NAIAD
Al₂O₃ CRESST
1996
1998
2000
OGLE
间接探测实验
ATIC
PVLAS

整个项目由中国科学院国家空间科学中心牵头，集合了数十个单位的上千名科研和工程人员，其中还包括瑞士、意大利等国的科研单位。项目启动之初，各个团队克服交叉领域经验不足和各式各样的困难，不断摸索前进，终于在短短 4 年里，解决了高精度、大范围探测器的设计与制造，卫星平台与载荷的一体化等难题，成功打造出一台探测能段最宽、本底鉴别能力最强、能量分辨最优的高能宇宙粒子探测器，实现了科学研究和工程实践的完美结合。不得不说，这种不断直面挑战、不断化不可能为可能的努力才是科学的魅力所在。

“悟空号”近乎完美的工作指标、源源不断的观测数据以及丰硕的科研成果，没有辜负为这个项目默默付出的无数科研人员对它的期待——“深刻改变人类的宇宙观，实现空间科学重大突破”。

“悟空号”项目的实施也带动了材料科学、精密制造等相关学科的发展，为大型科研计划的项目协调、组织管理机制搭建积累了宝贵的经验。“悟空号”上天后，那一篇篇署名“DAMPE collaboration”（暗物质粒子探测器合作组）的科研论文问世，其背后都是数不尽的项目参与者的默默奉献。

“悟空号”是一个先锋，它所在的队伍还在不断壮大。国外的新一代暗物质空间探测计划目前尚不明朗，但我国的科学家正积极发展新一代空间探测设施，例如“悟空号”团队正在考虑研发该卫星的增强型号——“悟空 2 号”以及新一代工作在 MeV-TeV 超宽波段的甚大面积 $\gamma$ 射线空间望远镜；中国科学院高能物理研究所正领衔研发能测量 PeV 宇宙射线的空间高能辐射探测设施（HERD）。因此，21 世纪 30 年代我国将有望在空间暗物质间接探测方面引领世界，并取得突破性科学成果。

深夜，当我们仰望浩瀚的星空时，有可能会看到群星之中的“悟空号”，它正在代我们仰望更加广阔的宇宙。

最后，

谨以此书致敬

暗物质粒子探测卫星工程大总师　艾长春

理论预测值
低分辨率，无法判断是否异常
幂律
数量
偏离规律
可能存在异常
能量
重量
BGO
STK
NUD
PSD
探测器
入射事件
区分
空间来源
探测器
PN结
无电流
电源
高能粒子
产生新的电子-空穴对
产生瞬时电流
γ射线
电子，质子，...
闪
闪光
直接穿过
高能粒子
BGO晶体
近的一端，光信号强
适合分析较低能量粒子
远的一端，光信号弱
适合分析较高能量粒子
高能质子p⁺
高能电子e⁻、γ射线
光纤
硅 Si
钨 W
硅 Si
γ→e⁺+e⁻
投影
高能粒子
DAMPE
事件
能量
数量
种类
方位→来源
能谱
实测
异常值←暗物质“踪迹”
旧理论
星系
距离
速度
26.8% 暗物质
4.9% 普通物质
68.3% 暗能量
对撞
WIMP
(LHC)
反冲
速度
实际速度
理论预测
星系中心

# 致谢

暗物质粒子探测卫星（“悟空号”）是中国科学院空间科学先导专项的首发星，中国科学院国家空间科学中心承担了工程大总体的任务，负责组织了卫星的论证、研制、生产和发射，全面了解这一大工程的完整过程。在组织编写这本科普图书的过程中，由王赤、常进指导，吕洁负责全面策划，确定内容和插图。黄晓霞、范一中、伍健、吴琼、孟玮、常亮、刘杰、刘玉荣、胡一鸣、刘浩、郭建华、封常青、张云龙、彭文溪参与审校并提出了宝贵意见，在此表示感谢。

***

**EasyNight** 诞生于 2015 年 1 月 1 日，是一个用漫画讲天文的新媒体科普团队。EasyNight 每天发布原创手绘漫画，预告夜空看点、传播天文知识、评述天文时事，向大众呈现天文、航天知识和星空热点，力求以最通俗、最有趣的方式引导大众仰望星空，欣赏既简单又美丽的天文现象。参与本书编写的成员有：黄滕宇（第 1—4 章、第 6 章和插图绘制）、王卓骁（第 4 章）、蔡杰（第 5 章）、陈芳菲（模型和插图绘制）、魏凡（插图绘制）、周谦（插图绘制）、余晓艺（审阅校对）、法逍（审阅校对）。编写过程中得到了中国科学院国家空间科学中心专家的指导，瑞士洛桑联邦理工学院（EPFL）物理系李雨随博士对全书进行了审阅与修订，在此一并感谢。

for the plastic scintillator detector of DAMPE[J]. *Nuclear Instruments and methods in Physics Research A,* 2016, 827: 79–84.

[31] 鲁同所，雷仕俊，藏京京，等．暗物质粒子探测器径迹重建方法的研究 [J]. 天文学报，2016, 57(3): 353–365.

[32] 胡一鸣，常进，陈灯意，等．暗物质粒子探测卫星 BGO 量能器热控设计与验证 [J]. 空间科学学报，2017, 37(1): 114–121.

[33] 上海微小卫星工程中心．一种紧凑布局的一体化卫星：201510706358.0[P] 2016–01–13.

[34] 梁耀明，马苗，王连国，等．星载有效载荷自主探测管理方案设计与实现 [J]. 空间科学学报，2016, 36(2): 209–214.

[35] 董磊，李华旺，诸成，等．以载荷为中心的暗物质探测卫星机电热一体化设计 [J]. 空间科学学报，2017, 37(2): 229–237.

[36] Tykhonov, A. Wang Chi , Wu Xin, et al. Software framework and the reconstruction software of the DAMPE mission[C]//The 34th International Cosmic Ray Conference. *The Hague: Proceedings of Science,* 2015.

[37] 马思源，封常青，沈仲弢，等．暗物质粒子探测卫星 BGO 量能器地面自动化测试软件 [J]. 核技术，2015, 38(12): 120403.

[38] 王连国，朱岩，沈卫华，等．暗物质粒子探测卫星的集中式载荷管理系统 [J]. 空间科学学报，2018, 38(4): 567–574.

[39] Wang Yuan-Peng, Wen Si-Cheng, Jiang Wei, et al. Temperature effects on MIPs in the BGO calorimeters[J]. *Chinese Physics* C, 2017, 41(10): 106001.

[14] 汪晓莲，李澄，邵明，等 编．粒子探测技术 [M]. 合肥：中国科学技术大学出版社，2009.

[15] 何崇藩．新型闪烁材料：锗酸铋（BGO）晶体 [J]. 中国科学院院刊，1986(2): 154–156.

[16] 古佩新，胡关钦，华素坤，等．新型无机闪烁晶体 BGO[J]. 功能材料，1994, 25(2): 189–192.

[17] Zhang Fei, Fan Rui-Rui, Peng Wen-Xi, et al. A prototype silicon detector system for space cosmic-ray charge measurement[J]. *Chinese Physics C*, 2014, 38(6): 066101.

[18] 王琳琳，王春．"超级视网膜"助暗物质卫星练就"火眼金睛"[N]. 科技日报，2015–12–19(1).

[19] Azzarello, P. Ambrosi, G. Asfandiyarov, R. et al. The DAMPE silicon–tungsten tracker[J]. *Nuclear Instruments and methods in Physics Research A*, 2016, 831: 378–384.

[20] 周勇．暗物质粒子探测卫星塑闪阵列探测器的设计与研制 [D]. 兰州：兰州大学，2016.

[21] Yu Yuhong, Sun Zhiyu, Su Hong, et al. The plastic scintillator detector for DAMPE[J]. *Astroparticle Physics,* 2017, 94: 1–10.

[22] Zhang Yun-Long, Li Bing, Feng Chang-Qing, et al. A high dynamic range readout unit for a calorimeter[J]. *Chinese Physics C*, 2012, 36(1): 71–73.

[23] 郭建华，蔡明生，胡一鸣，等．暗物质空间探测器 BGO 量能器的读出设计 [J]. 天文学报，2012, 53(1): 72–79.

[24] 项天，金西，董家宁，等．大动态范围闪烁晶体荧光模拟器的设计 [J]. 光学 精密工程，2014, 22(2): 304–310.

[25] 谢明刚，郭建华，伍健，等．BGO 量能器大动态范围读出的线性标定系统的设计和实现 [J]. 天文学报，2014, 55(2): 170–179.

[26] Feng Changqing, Zhang Deliang, Zhang Junbin, et al. Design of the readout electronics for the BGO calorimeter of DAMPE mission[J]. *IEEE Transactions on Nuclear Science,* 2015, 62(6): 3117–3125.

[27] 张志永．空间暗物质探测卫星 BGO 量能器的研制与标定 [D]. 合肥：中国科学技术大学，2015.

[28] 张云龙，王焕玉，吴峰，等．硅探测器信号电荷分配技术的研究 [J]. 原子能科学技术，2015, 49(1): 132–139.

[29] Zhang Fei, Peng Wen-Xi, Gong Ke, et al. Design of the readout electronics for the DAMPE Silicon Tracker detector[J]. *Chinese Physics C,* 2016, 40(11):116101.

[30] Zhou Yong, Sun Zhi-Yu, Yu Yu-Hong, et al. A large dynamic range readout design

# BIBLIOGRAPHY
# 参考文献

[1] 杨炳麟．暗物质及相关宇宙学 [M]. 柳国丽，王雯宇，王飞，译．北京：科学出版社，2019.

[2] 唐纳德·帕金斯．粒子天体物理 [M]. 来小禹，陈国英，徐仁新，译．合肥：中国科学技术大学出版社，2015.

[3] 托马斯·K. 盖瑟．宇宙线和粒子物理 [M]. 袁强，康明铭，余钊焕，等 译．合肥：中国科学技术大学出版社，2018.

[4] 黄涛，曹俊．奇妙的粒子世界 [M]. 北京：北京大学出版社，2021.

[5] 常进，冯磊，郭建华，等．暗物质粒子探测卫星及临近的电子宇宙射线源 [J]. 中国科学：物理学 力学 天文学，2015, 45: 119510.

[6] Adriani, G. C. Barbarino, G. C. Bazilevskaya, G. A. et al. An anomalous positron abundance in cosmic rays with energies 1.5–100 GeV[J]. *Nature*, 2009, 458, 607–609.

[7] DAMPE Collaboration. Direct detection of a break in the teraelectronvolt cosmic-ray spectrum of electrons and positrons[J]. Nature, 2017, 552, 63–66.

[8] Bernardini, P. First data from the DAMPE space mission[J]. *Nuclear and Particle Physics Proceedings*, 2017, 291–293, 59–65.

[9] Li Xiang, Duan Kaikai, Jiang Wei, et al. Recent gamma-ray results from DAMPE[C]// The 36th International Cosmic Ray Conference. *Madison: Proceedings of Science,* 2019.

[10] DAMPE Collaboration. measurement of the cosmic ray proton spectrum from 40 GeV to 100 TeV with the DAMPE satellite[J]. *Science Advances*, 2019, 5(9), eaax3793.

[11] DAMPE Collaboration. measurement of the cosmic ray helium energy spectrum from 70 GeV to 80 TeV with the DAMPE space mission[J]. *Physical Review Letters*, 2021, 126, 201102.

[12] 张晔，金凤．“悟空”号首批伽马光子科学数据公开发布 [N]. 科技日报，2021-09-08(1).

[13] 袁家军，编著．航天产品工程 [M]. 北京：中国宇航出版社，2011.